AF546625

Ratten

Ein Portrait
von
Karin S. Wozonig

NATURKUNDEN

NATURKUNDEN № 102

herausgegeben von Judith Schalansky
bei Matthes & Seitz Berlin

Inhalt

Köder oder: Ursprung einer Sympathie **7**

Erfolgsmodell Ratte **15** Ratten und Seuchen **27**

Rattengift und *urban legends* **33**

Die Ratte im Dienste des Menschen **47**

Die Ratte im Haus **65** Die symbolische Ratte **77**

Kultratte, Rattenkulte und das Andere **89**

Der Rattenfänger **101** Unser Kontrasttier **107**

Portraits

Wanderratte **112** Hausratte **114**

Asiatische Hausratte **116** Australische Buschratte **118**

Sahyadris-Waldratte **120** Sulawesi-Schlankratte **122**

Schweinsnasen-Spitzmausratte **124**

Musser-Timor-Ratte **126** Maclear-Ratte **128**

(O)Possum et al. **130**

Literaturverzeichnis **132**

Abbildungsverzeichnis **134**

Köder oder: Ursprung einer Sympathie

Es gibt Katzen, die ihre Beute mit den Menschen teilen, mit denen sie wohnen, und einer solchen Katze, ihr Name war Speedy, verdanke ich meine erste Begegnung mit einer Ratte. Da das freundliche Ablegen der Ratte auf der Türschwelle zu einer Tageszeit erfolgte, zu der Katzen und Ratten aktiv sind, Menschen aber für gewöhnlich schlafen, fing Speedy mit der Mahlzeit schon einmal ohne mich an. Dabei nahm sie sich, so vermute ich, die besten Stücke. Was ich morgens vor der Tür fand, war die kopflose hintere Hälfte einer Ratte. Die genügt jedoch, um dieses Tier eindeutig zu identifizieren: Nur Ratten haben diesen obszön nackten, langen Schwanz.

Speedy mochte keine Innereien. Die Organe, die sie neben dem kopf- und brustlosen Rattenkörper verstreute, unterschieden sich außer in der Größe nicht sehr von den Eingeweiden, die meine Großmutter für die Hühnersuppe verwendete: ein kleines Herz, eine kleine Leber und ein kleiner Magen. Das Schlachten einer Ratte verlangt allerdings weniger Sorgfalt als das Schlachten eines Huhns, denn im Gegensatz zum Huhn (und zur Maus) haben Ratten keine Gallenblase, die bei dem Vorgang platzen und den Rest ungenießbar machen könnte. Die von Speedy angefrühstückte Ratte hatte graubraunes Fell, der Bauch war heller als der Rücken, die Pfoten dunkel, womit das Beutetier als Wanderratte (*Rattus norvegicus*), ein Nagetier aus der Familie der Langschwanzmäuse (Muridae), Unterfamilie

Altweltmäuse (Murinae) zu identifizieren war. Mein Interesse war geweckt, und als ich mir später ein wohnungskompatibles Tier zulegen wollte, zog ich es in Erwägung, eine Ratte zu kaufen. Die nette Verkäuferin in der Tierhandlung hatte gute Argumente. Ratten wären, würde man sie einzeln halten, sehr auf den Menschen bezogen, sie würden sich mit einem relativ kleinen Revier zufriedengeben und man könne sie auch problemlos im Zug mitnehmen. Heute weiß ich, dass es falsch ist – und in Österreich laut 2. Tierhaltungsverordnung auch verboten –, Ratten einzeln zu halten. Sie sind soziale Tiere, und auch wenn sich ihr Mensch intensiv mit ihr beschäftigt, geht es einer einzeln gehaltenen Ratte nicht wirklich gut.

Damals wusste ich das noch nicht, und so kam ich zu meiner ersten Ratte, und zwar zu einem ganz besonderen Exemplar. In den Stammbaum der tierhandlungsüblichen Farbrattenpopulation war auf mir nicht verständliche Weise eine Wanderratte geraten. In dem Wurf gab es ein ganz auffallend neugieriges und aufgewecktes Jungtier, das sich bereits mit einem Hundewelpen angefreundet hatte. Diese Ratte sah genauso aus wie die Ratte, die Speedy auf der Türschwelle abgelegt hatte, mit dem Unterschied, dass bei dem Exemplar in der Tierhandlung der Torso vollständig und auch der Kopf vorhanden war, was die Attraktivität des Tieres maßgeblich erhöhte. Shakespeare erreichte das hohe Alter von vier Jahren und legte den Grundstein für mein durch nähere Beschäftigung immer weiterwachsendes Interesse an Ratten.

Wer sich für die Ratte interessiert, lernt sie als tierisch intelligent kennen, als sensibel und von überragender Anpassungsfähigkeit. Die meisten Menschen im westlichen Kulturkreis

Eine stolze Katze erlegt eine Ratte, Majolika-Schmuck des ›Jagdzimmers‹ im Antigo Palácio da Praia, Belém, Lissabon (um 1680).

kennen sie allerdings nur vom Hörensagen und als huschende, unheimliche Schatten im urbanen Abstandsgrün. Als Phantasma und Symbol ist die Ratte, darin dem Einhorn nicht unähnlich, in unserer Kultur präsent, nicht aber als echtes Tier. Und anders als das Einhorn hat die Ratte ein massives Imageproblem. Wer sich für das Bild der Ratte in der westlichen Kultur interessiert, braucht einen guten Magen. Ein monströses, ekeliges Tier, das kleine Kinder anfällt und ihnen Löcher ins Gesicht beißt; eine Bestie, die die Menschheit durch Übertragung von widerwärtigen Krankheiten gefährdet; eine gierige Fressmaschine, die menschliche Existenzen durch das Vertilgen von Vorräten bedroht …

Als Mitbewohnerin in unseren Siedlungen ist die Ratte immer dort, wo wir lieber nicht hinsehen würden: bei unserem Kot, Müll, Unrat, auf der Rück- und Unterseite unserer Zivilisation. Ratten sind immer mehr als sie selbst und oft sind sie die dunkle Seite des Menschen. Deshalb kann man mit einer Ratte als Haustier auch sehr viel über Menschen lernen. Denn das Tier stellt einen zuverlässigen Gradmesser für zwischenmenschliche Beziehungen dar. Stößt das Gegenüber beim Anblick des Tiers einen spitzen Schrei aus und ruft: »Das ist ja widerlich!«, dürfte das Verhältnis dauerhaft gestört sein. Sollte das Gegenüber niesen, muss das allerdings nicht unbedingt ein Zeichen für Nervosität sein, denn Rattenhaare lösen wie Katzen- und Hundehaare bei Allergikern Niesanfälle aus. Aus den differenzierten emotionalen Reaktionen auf die Ratte sind jedoch immer auch die feinen Nuancen von Sympathie, Liebe und Freundschaft herauszulesen: von der anmaßenden Toleranz über die gelassene Akzeptanz bis hin zum tiefen Verständnis für Tier und Mensch – gleichgültig bleibt beim Thema Ratte niemand.

Dabei leben wir alle mit diesen Tieren und hätten ausreichend Gelegenheit, sie zu beobachten und objektiv zu beurteilen. In unseren Städten und Dörfern gibt es Millionen von ihnen, trotz der ausgeklügelten Versuche des Menschen, sie zu vertilgen. Von Natur aus ist die Ratte gegen die meisten menschlichen Vernichtungsversuche gewappnet, was mit ein Grund für ihren schlechten Ruf ist. Es gehört zu dem Unheimlichen der Ratte, dass sie sich gegen dauerhafte Unterdrückung, gar Ausrottung wehrt und immer wieder in scheinbar unverminderter Zahl auftaucht. Das erinnert den Menschen an die Grenzen des Machbaren und daran, dass es Bereiche in der Welt gibt, die sich seiner Kontrolle entziehen. Für einige Zeit konnte man sogar meinen, die Ratten hätten den Spieß umgedreht und versucht, durch Übertragung der Pest der Menschheit den Garaus zu machen. Neben dem diffusen Gefühl der Überwältigung hat die Abscheu vor der Ratte auch praktische Gründe. Es ist nicht leicht, mit ihr zu leben, denn sie macht dem Menschen Terrain und Ressourcen streitig und zeigt dabei großen Einsatz. Sie ist stark, einfallsreich und selten zum Rückzug bereit.

Die Wanderratte und die Hausratte gehören zu den Tieren, über die man nur im Kontext von menschlicher Kultur und Geschichte angemessen sprechen kann. Sie sind Wild-, Nutz- und Haustiere. Was wir von der Ratte sehen, ist nicht allein ihre Biologie und es sind nicht nur kulturell geformte Bilder, sondern es geht immer auch um ihr Verhältnis zu uns. Und dieses ist keineswegs eindeutig erkennbar oder offen eingestanden. So geraten vordergründig neutrale und faktenbasierte Darstellungen der Ratte unversehens zu Versuchen der Verteidigung und Ehrenrettung, oder auch im Gegenteil: Es schwingt in ihnen der Subtext des Ekels und der subtilen Angst mit.

In seiner *Geschichte von der gebesserten Ratte* stellt Hans Fallada die Schwierigkeiten der Koexistenz und die Ambivalenz unserer Bewertung des Rattenverhaltens dar. Die Ratte (in der DDR-Hörspielfassung von 1989 heißt sie Erika) macht dem Hausherrn einen Vorschlag: Für einen Schlafplatz und regelmäßige Mahlzeiten verschont sie seine Vorräte und die Jungtiere und stellt ihr Zerstörungswerk wie Untergraben und Annagen ein. Probeweise lässt sich der Mensch auf den Deal ein, aber wir ahnen bereits am Anfang, dass das friedliche Zusammenleben so einfach nicht sein wird.

Zu den weitverbreiteten Schreckensvorstellungen über Ratten gehört es, dass sie wehrlose Kinder beißen oder gar fressen, und um dieses Bild aufzurufen, genügt schon eine leise Andeutung. In Maurice Sendaks illustriertem Kinderbuchklassiker *We Are All in the Dumps with Jack and Guy* liefern zwei traditionelle Kinderreime eine Reihe rätselhafter Bilder für den losen Rahmen der Handlung. Sendak montiert sie zu einem modernen Bedrohungsszenario vor der Kulisse New Yorks, baut zahlreiche popkulturelle Anspielungen ein und übt fundamentale Gesellschaftskritik. Im Zentrum der Handlung steht eine Gruppe von obdachlosen Kindern und kleinen Katzen unter einer Großstadtbrücke, ein berührendes Bild der Hilflosigkeit mit zahlreichen Hinweisen auf Krankheit und Hunger in einer habgierigen, ungerechten Welt. Jack und Guy sind die Anführer der Gruppe, anfangs gleichgültig gegenüber dem hungernden, fast nackten Kleinkind, das um Hilfe fleht. Doch am Ende werden sie seine bergende Familie. Aus der Zeile »the babies are bit« aus einem Kinderreim macht Sendak in seiner dunkelverrätselten Geschichte die Entführung des Babys durch zwei hinterhältige, gelbäugige Ratten mit langen, scharfen Zähnen. In dem Kinderreim gibt es keinen Hinweis auf ein Tier, aber der lapidare Satz genügt, um das schreckliche Bild des wehrlosen, von Ratten attackierten Kleinkindes zu evozieren.

Eine ungewöhnlich blonde Hausratte, wie in natura etwas kleiner als die Wanderratte und mit größeren Ohren als diese, beide jedoch überraschend hochbeinig (16. Jahrhundert).

Eine andere Ratte, die die dunkle Seite des Großstadtlebens verkörpert, ist Firmin, die lesende Ratte aus Sam Savages Roman *Firmin. Adventures of a Metropolitan Lowlife* (»Ein Rattenleben«) aus dem Jahr 2006. Firmin ist ein Außenseiter, der im zwielichtigen Untergrund einer Metropole lebt, allerdings nicht in der Kanalisation wie die meisten Ratten. Er wird in den 1960er-Jahren im dunklen Keller eines Bostoner Antiquariats geboren. Weil er hungert, frisst Firmin die Buchseiten, aus denen seine Mutter das Nest gemacht hat, lernt dadurch lesen und bedauert bald, dass er nicht schreiben kann. Denn so gut wie andere könnte er das schon lange, meint er. Und so schildert Firmin seine Begegnungen mit der Ratten- und der Menschenwelt, hält seine Lektüreerfahrungen fest, macht kleine Stilübungen für sein eigenes Buch, schreibt über seine Träume, schwankt zwischen Selbstzweifeln und Selbstüberschätzung, adressiert den Leser – den es nicht geben kann, da eine Ratte eben doch nicht schreiben kann.

Firmin ist eine Tierfabel im Grimm'schen Sinn: Die Tierfabel »muß die thiere darstellen als seien sie begabt mit menschlicher vernunft und in alle gewohnheiten und zustände unseres lebens eingeweiht, so daß ihre aufführung gar nichts befremdliches hat. [...] Dann aber müssen daneben die eigenheiten der besonderen thierischen natur ins spiel gebracht und geltend gemacht werden.« Firmin, die fiktive Ratte, lebt wie Milliarden echter Ratten in einer großen Stadt, und Savage bedient sich der Figur, um zu zeigen, welche Folgen eine menschenverachtende und Gemeinschaften zerstörende Stadt- und Baupolitik hat. Firmins Bostoner Nachbarschaft ist wegen der Spekulationen dem Untergang geweiht, der Antiquar und die Ratte verlieren ihr Zuhause wegen eines großen Bauprojekts.

Die Ratte ist die ideale Verkörperung des Stadtlebens, in jüngerer Zeit prototypisch vertreten durch ›Pizza Rat‹. Sie wurde 2015 in einer U-Bahn-Station in Manhattan dabei gefilmt, wie sie ein Stück Pizza über die Stiege schleppt. Auf YouTube und Instagram verzeichnete das Video innerhalb kurzer Zeit mehrere Millionen Klicks. Die Pizzaratte sei ein Symbol für das Leben in New York, sagte der Urheber des Videos, Matt Little: »You're carrying too much and you have to go too far and there's always a lot going on.« Und die *Huffington Post* titelte: »Pizza Rat Is The Perfect Metaphor For Something, Surely«.

Erfolgsmodell Ratte

Die meisten Menschen glauben, dass es überall, also auch in ihrer nächsten Umgebung, Ratten gibt, und zwar in großen Mengen. Und sie haben recht. Die Tiere sind, was ihre Ausbreitung über die Erde betrifft, höchst erfolgreich. Nicht vielen Spezies gelingt es, sich auf jedem Kontinent der Erde anzusiedeln und sich auch unter erschwerten Bedingungen zu vermehren. Um das zu können, muss eine Gattung anpassungsfähig und zäh sein. So wie der Mensch. Der breitet sich überall aus, nistet sich überall ein, macht vor den kältesten und heißesten Gebieten nicht halt, schaut auch noch im tiefsten Loch und auf dem höchsten Berg vorbei. Und wenn er sich dann an einem dieser Orte häuslich niederlässt, hat er eher früher als später ungeladene Gäste: die Wanderratte und die Hausratte.

Es gibt Vermutungen, dass schon die Menschen im alten Ägypten mit den sogenannten Grasratten lebten, entfernten Verwandten der Wanderratten, aber über die prähistorische Koexistenz von Menschen und Ratten wissen wir nicht viel. Das liegt daran, dass Rattenknochen für Archäologen uninteressant waren. Erst zu dem Zeitpunkt, an dem die Pest auftritt, werden diese Spuren der Ratten wissenschaftlich erfasst. Lange Zeit sind auch die Bezeichnungen ungenau, und es kommt oft zur terminologischen Vermischung von Ratten, Mäusen und anderen kleinen Säugetieren. Haben Menschen die Ratten aber erst einmal in ihren Siedlungen entdeckt, dauert es üblicherweise nicht lange, bis sie ihnen zu viel werden. Oder wie in *Zedlers Universal-Lexicon* um 1750 zu lesen ist: »Welcher Ort das Glück genüsset, von dem Ratten- und Mäuseübel befreyet zu sein, der hat es in der That als etwas gutes anzusehen. Denn wo sie sich einmal einfinden, so vermehren sie sich ungemein sehr.«

Dem aus Menschensicht unliebsamen Rattenverhalten setzte Selma Lagerlöf in *Nils Holgerssons wunderbare Reise durch Schweden* (1906) ein literarisches Denkmal. Das Buch war eine Auftragsarbeit für eine Lesebuchreihe für Schulkinder, die aus der Lektüre etwas über die Geografie, Geschichte und Kultur Schwedens lernen sollten. Das vierte Kapitel des Buchs handelt von Glimmingehus, einer Burg in der historischen südschwedischen Provinz Schonen, in der traditionell Getreide angebaut wird. Das ursprünglich prächtig ausgestattete Gebäude, ein Zeugnis mittelalterlicher Baukunst, wurde zwischenzeitlich als Kornspeicher verwendet, so auch zur Zeit von Nils Holgersson. In dieser Burg wohnen Schwarzratten, in anderer Übersetzung »schwarze Ratten« oder »Landratten«, also Hausratten, und Lagerlöfs Beschreibung der Tiere ist, wie die der Landschaft und Geschichte, der Didaktik verpflichtet. Zoologisch korrekt beschreibt die Autorin, was die Wanderratte von der Hausratte unterscheidet. Die Hausratten waren wie in ganz Europa auch in Schweden früher heimisch als die Wanderratten. Zuerst halten sich die Wanderratten in Lagerlöfs Buch zurück, besetzen nur Territorien, die die Hausratten verschmähen, etwa Abrisshäuser. Sie fressen den Abfall, den die Hausratten übrig lassen, und suchen ihr Futter auch im Rinnstein. Nach einiger Zeit vertreiben die Wanderratten die Hausratten jedoch, nehmen ihnen das Futter weg und das auch mit Gewalt, denn »sie fürch-

Selma Lagerlöfs jugendlicher Held Nils Holgersson übernimmt die Wanderrattenwegführung aus der Burg Glimmingehus, die als Kornspeicher dient.

teten den Kampf nicht«. Wanderratten sind tatsächlich nicht nur etwas größer als Hausratten und brauchen mehr Futter, sie sind im Gegensatz zur Hausratte auch nicht wählerisch bei ihren Nahrungsquellen. Und sie sind nicht wasserscheu.

In Lagerlöfs Buch waren die Schwarzratten einst von den Menschen gefürchtet und verabscheut, der Vorwurf lautete, sie würden Gefangene und Leichen anknabbern, Lebensmittelvorräte vernichten und schlafenden Gänsen die Füße abbeißen. Nun, zur Zeit von Nils Holgersson, erfreuen sie sich aber einer neuen Beliebtheit, da sie Glimmingehus und die darin befindlichen Kornvorräte der Menschen gegen die tierischen

Emporkömmlinge, die Grauratten verteidigen. So ganz ernst nehmen die Hausratten ihre Aufgabe allerdings nicht, denn um die Kraniche auf dem Kullaberg tanzen zu sehen, verlassen sie geschlossen die Burg, und Nils Holgersson muss bei der Rettung der Kornvorräte aushelfen. Er wird mit einer besonderen Pfeife zum Rattenfänger. Schon stehen die Grauratten vor den Toren der stark befestigten Burg und finden einen Eingang, indem sie übereinanderklettern, und auch hier ist Lagerlöfs Beschreibung der Rattennatur abgeschaut: Die Ratte, die als Erste die Öffnung erreicht, bleibt regungslos sitzen und versucht, Angreifer zu erlauschen und zu erschnuppern. Erst als sie sicher ist, dass keine Gefahr droht, springt sie in den Keller. Die anderen Ratten folgen und finden sich im dunklen, unbekannten Gebäude schnell zurecht. Sie riechen das Getreide, aber statt sich sogleich auf das Futter zu stürzen, durchsuchen sie die ganze Burg sorgfältig.

Was Lagerlöf hier treffend beschreibt, ist die arteigene Vorsicht bei neuen Nahrungsquellen, das gute Gehör, der besonders gute Geruchssinn und wie Wanderratten ihre Umgebung quasi kartieren, indem sie sich im Dunkeln dank ihrer Tasthaare orientieren. Als die Wanderratten beginnen, das Korn zu fressen, kommt Nils Holgersson mit seiner Pfeife und lockt sie alle aus der Burg. Er geht mit ihnen so weit, bis es nicht mehr gefährlich ist, die Pfeife »verstummen zu lassen und den Grauratten die Freiheit zu geben, zu gehen, wohin sie gehen wollten«. Die Episode hat ein offenes Ende, aber da die Autorin auf die lebenswahre Schilderung der Wanderratten Wert gelegt hat, dürfen wir darüber spekulieren, was passieren wird, nachdem Nils Holgersson den Bann gelöst hat: Die Wanderratten werden anhand ihrer Markierungen den Weg zurückfinden, den Kornspeicher leer fressen und sich weiter vermehren. Die massenhaft auftretenden »Grauratten« stammen von »ein paar armen Einwanderern ab, die vor etwa hundert Jahren in Malmö von einem Schiff aus Lübeck an Land gegangen waren«, so steht es in vielen deutschen Übersetzungen des Buchs. Einige übersetzen jedoch »ein Paar«, und tatsächlich würde Lagerlöf auch hier den naturwissenschaftlichen Fakten folgen, denn ein Rattenweibchen kann circa sechs Mal im Jahr jeweils durchschnittlich acht Junge werfen.

Wenn wir von den Ratten als besonders widerstandsfähigen Überlebenskünstlern reden, dann geht es immer um die Art, nicht um das Individuum. Die durchschnittliche ›Stadtratte‹ wird mit viel Glück eineinhalb oder zwei Jahre alt. In guter Heimhaltung können Ratten mehr als drei Jahre alt werden, mit vier sind sie Greise. In freier Wildbahn aber, egal ob auf dem offenen Land oder in der Stadt, sterben die meisten Ratten im ersten Lebensjahr. Wo es keine Fressfeinde (Füchse, Katzen, Hunde, Schlangen, Greifvögel) gibt, fallen die Ratten der Vernichtung durch Menschen zum Opfer, und das schon sehr lange, wie wir aus Gessners frühneuzeitlichem *Thier-Buch* wissen: »Sie werden eben auff alle Weiß und Weg gefangen oder getödet / wie andere einheimische Mäus / allein daß die Rattenfallen grösser gemachet werden / dann die Mäusfallen.«

Mit der Redewendung von den Ratten, die das sinkende Schiff verlassen, drücken wir aus, dass Ratten prophetische Vorboten des Untergangs sind, den sie nicht selten selbst herbeigeführt haben, oder dass ihr Instinkt sie vor dem Untergang warnt. Das bedeutet aber auch, dass die Tiere bei ihrer Reviersuche gele-

Wanderratten sind gesellige Tiere, die in größeren Clans leben, in denen sie ihre Nahrung und die Aufmerksamkeit für den Nachwuchs teilen (vorausgesetzt, die Versorgungslage ist gut), lebensecht dargestellt von John James Audubon.

gentlich Plätze wählen, die ungemütlich für sie werden können. Die typische Schiffsratte ist eine Hausratte, und dass sie sich auf Schiffen, zumal auf Segelschiffen und dort besonders in der Takelage, wohl fühlt, liegt daran, dass sie sehr gut klettern und springen kann, wobei sie ihren langen Schwanz geschickt einsetzt. Ihr Problem: Sie mag keine Kälte und ist eine schlechte Schwimmerin. Deshalb erspürt die Ratte auch das kleinste Leck im Schiffsbauch (das sie vielleicht durch ihre Nagearbeit selbst mitverursacht hat), sucht die höheren Lagen auf, versucht, sich in Sicherheit zu bringen, und geht bei der ersten Gelegenheit von Bord. Zum Glück erreichen viele Schiffe sichere Häfen, und so verbreitete sich die Ratte per Segelschiff über die ganze Welt.

Abgesehen von der schieren Zahl, die uns nervös macht, haben Ratten auch einige Eigenschaften, die das Zusammenleben mit ihnen erschweren. So ist die Wanderratte zum Beispiel wie der Mensch ein Allesfresser, und die Parallele geht weiter: oft ein ziemlich gieriger. Wer einmal versucht hat, mit einer Ratte auf der Schulter ein Marmeladenbrot zu essen, kennt die wahre Bedeutung des Wortes ›Nahrungskonkurrent‹. Außerdem können Ratten auch Materialien zernagen, verschlucken und zumindest zum Teil verdauen, die nicht im engeren Sinn zu ihrer Ernährung zählen. Daraus resultieren in Menschensiedlungen beträchtliche Sachschäden an Gebäuden oder Leitungen. Ratten haben starke Kiefer mit ganz besonderen Zähnen, die immer perfekt geschliffen sind. Die Vorderseite des Rattenzahns besteht aus hartem Zahnschmelz, die Rückseite aus einem weicheren Material, nämlich Dentin (Zahnbein). Die beiden Schichten sind fest miteinander verwachsen und splittern nicht. Beim Nagen nutzt sich die Rückseite ab, übrig bleibt eine harte, scharfe Kante. Die Zähne einer Ratte sind nicht nur immer scharf, sie wachsen auch ständig, weshalb Ratten immer etwas brauchen, woran sie ihre Zähne abschleifen können.

Um den Verdauungsprozess nach dem Benagen von, sagen wir, einem Tischbein oder einem Hausschuh anzuregen, fressen Ratten ihren Kot. Das ist nur eine der Besonderheiten ihrer Ernährungsweise, die gut für das Überleben der Art, aber schlecht für die Sympathiewerte beim Menschen sind (was, nebenbei gesagt, ungerecht ist, denn auch Kaninchen fressen ihre Köttel). Als Allesfresser interessieren sich Ratten für kranke, verwundete oder wehrlose Lebewesen. Auf jeden Fall schmecken ihnen Leichen, auch Rattenleichen und in Krisensituationen sogar die eigenen Jungen. Das Fressen von Jungtieren ist, wie das Abstoßen von Föten und die Vernachlässigung eines Wurfs, eine Form der Geburtenregulierung, die einem Rudel bei Raum- und Ressourcenknappheit das Überleben sichert. Aber auch hier gilt: Auf menschliche Beobachter wirkt dieses Verhalten abstoßend und trägt zum schlechten Ruf der Ratte bei.

Während wir andere Tiere auch in entlegenen Habitaten aus Versehen, Ignoranz oder Gedankenlosigkeit ausrotten und ihren Verlust dann wortreich bedauern, schaffen wir es bei Ratten nicht einmal in unseren Städten, die Zahl der Individuen halbwegs unter Kontrolle zu bekommen. Die Menschen bekämpften und bekämpfen die Ratten mit Hunden (Rattlern), Frettchen, Katzen, Senfgas, DDT, Schlagbolzenfallen und Gerinnungshemmern. Die freundlicheren Ausrottungsversuche der letzten Zeit setzen auf Verhütung. Keine der Methoden führte bislang zu dauerhafter Rattenfreiheit. *Zedlers Universal-Lexicon* kennt das Problem:

> *Den im Lande hin und wieder herum streifenden Rattenfängern, oder so genannten Cammerjägern, welche die Ratten und Mäuse vertreiben und verbannen wollen, daß sie niemals wieder kommen sollen, ist wenig Glauben beyzumessen, weil man aus der Erfahrung weiß, daß es mit diesen Leuten mehrentheils auf Betrügerey hinaus läufft, und wenn eine Zeit verflossen, sich die Ratten und Mäuse, wie zuvor, ja wohl in noch grösserer Menge, wieder einstellen.*

Die Ratten sind unsere bestangepassten und daher erfolgreichsten Mitbewohner, dauerhafte Rattenfreiheit wäre daher nur durch eine grundlegende Verhaltensänderung des Menschen zu erreichen. Für Ratten unwirtlich wäre eine menschliche Siedlung ohne biologische Spuren menschlicher Existenz. Aber wären wir noch Menschen, wenn wir keine Vorräte anlegen und keinen Abfall verursachen würden? Wir würden leben wie im sterilen Interieur der Raumschiffe Enterprise und Voyager, Erfindungen der Hochzeit von Plastik und Bleichmitteln des 20. Jahrhunderts, technisiert, rattenfrei und toxisch. Dass die Wanderratte nicht einfach nur ein Tier wie jedes andere, sondern vielen Menschen überaus unheimlich ist, liegt nicht zuletzt daran, dass Rattenbeobachtung immer auch Menschenbeobachtung ist und vieles an dem Ekel vor der Ratte eigentlich den menschlichen Ausscheidungen im weitesten Sinn gilt, die das symbiotische Zusammenleben von Mensch und Ratte überhaupt erst ermöglichen.

Die Wanderratte ist synanthrop, also ein wildes Tier, das sich menschlicher Infrastruktur bedient, um als Art erfolgreich zu sein. Die menschliche Welt ist ihr gewähltes Zuhause. Bei der Verwendung der vom Menschen unfreiwillig angebotenen Versorgungsquellen ist die Wanderratte besonders erfolgreich und entwickelt bei ihrer Futteraufnahme und bei ihren Wegen schnell Gewohnheiten. So zum Beispiel hat sie Wechsel, also immer wieder verwendete, markierte Spuren, von denen sie kaum abweicht. Die Bezeichnung als Wanderratte ist für das Tier eigentlich unpassend, Sitz- oder Siedlungsratte wäre treffender, denn sie ist standorttreu. Wenn das Nahrungsangebot groß genug ist, ist ihr Bewegungsradius gering. Ein Hamburger

Die Wanderratte liebt die Relikte der menschlichen Tafel, deshalb setzt diese die kleine Hausmaus nicht auf ihren Speisezettel.

Experte für die Bekämpfung der Ratten im Kanalnetz stellte fest, dass die Mitglieder eines Rudels höchstens zwei Kanalröhren weit gehen, ihr Aktionsradius daher nur 50 bis 100 Meter beträgt.

In einer europäischen Stadt gäbe es rein theoretisch genug Fressfeinde der Ratten. Aber welche gepflegte Stadtkatze, welcher Stadthund, der auf sich hält, würde eine Ratte jagen? Nicht nur, dass diese Haustiere die Wohnungen nicht oder nur unter menschlicher Aufsicht und kaum jemals in der Nacht verlassen; sie sind auch so wohlgenährt, dass sie sich nicht unbedingt auf Jagd begeben müssen. Andere natürliche Feinde wie Eulen folgen den Ratten nicht in die Kanalisation. In unbebautem Gebiet graben Wanderratten verzweigte Gangsysteme mit Vorratskammern in Wassernähe, in der Stadt erledigen das die Menschen im großen Maßstab für sie. Anders als die selbst grabenden Verwandten auf dem Land haben die Wanderratten in der Stadt den Luxus eines durch warmes Abwasser wohltemperierten Domizils, weshalb die Rattenpopulation in den Städten auch im Winter nur geringfügig abnimmt, während außerhalb von menschlichen Siedlungen schwache oder kranke Ratten bei Kälte gefährdet sind und viele von ihnen sterben.

In der Stadt sorgen wir Menschen nicht nur für die wohlige Wärme, sondern vor allem für das Futter. Je mehr verwertbaren Müll es in einer Stadt gibt, desto mehr Ratten gibt es. Müllplätze mit überquellenden Containern, offene Komposthaufen in Kleingärten, neben der Parkbank deponierte Bratwurst- und Kebabreste: All-you-can-eat-Buffets für Ratten. Eine weitere gute Versorgungsmöglichkeit sind Märkte mit Obst- und Gemüseständen und Imbisswagen. Interessant sind solche Quellen vor allem auch für schwächere Tiere, die hier nur wenige Hindernisse überwinden und sich wegen des großen Angebots nicht gegen Konkurrenten durchsetzen müssen.

Nachweislich besonders beliebt bei Ratten ist die nähere Umgebung von Fast-Food-Restaurants, sie sind quasi Gradmesser der Ratte-Mensch-Symbiose. Vereinfacht gesagt sind Ratten in New York besonders groß und fett, weil die Menschen in dieser Stadt viel Fast Food konsumieren, aber auch viele Reste davon wegwerfen. Nachdem sich der Dokumentarfilmer Morgan Spurlock in *Super Size Me* kritisch mit dick machenden Fast-Food-Produkten beschäftigt hatte, wandte er sich den Ratten zu. In dem als »horror documentary« bezeichneten Film

»Rats« widmete er sich der Rattenvernichtung – der Zusammenhang der beiden Themen war wohl evident.

Anhand der kleinen Verwandten der Ratten wurde bereits versucht, wissenschaftlich nachzuweisen, dass des Menschen Hamburger und Pommes eine genetische Auswirkung auf die Stadt-Nager haben. Die Forscher Stephen E. Harris und Jason Munshi-South haben herausgefunden, dass sich das Erbgut von Mäusen in New York in mehreren Markern, die mit Verdauung und Stoffwechselprozessen zu tun haben, von dem von Landmäusen unterscheidet. Außerdem haben die Fast-Food-Mäuse eine größere Leber als Landmäuse. Harris und Munshi-South untersuchten nur eine kleine Mauspopulation, und ich vermute, es wird noch einige Zeit dauern, bis sich wissenschaftlich einwandfrei belegen lässt, dass McDonald's für die Entstehung einer neuen Nagerart verantwortlich ist. Nachgewiesen ist aber, dass das Erbgut von New Yorker Ratten sich in Sequenzen, die für Geruchssinn und Verdauung zuständig sind, gegenüber dem chinesischen Genotyp, sozusagen der Stammratte, deutlich verändert hat.

Ratten und Seuchen

Ratten sind zwar nicht die einzigen Nager, die zum Beispiel für die Übertragung von Hantaviren auf Menschen verantwortlich sind, sie scheiden die Viren aber in großen Mengen in ihrem Urin aus – und Ratten scheiden große Mengen Urin aus. Auch Leptospirose, eine bakterielle Infektion, kann durch Rattenurin ausgelöst werden. Gessner warnt: »So die Ratten in ihrer Brunst sind / sollen sie schädlich seyn / daß wo ihr Harn einem Menschen auff den blossen Leib kommet / so soll derselbe das Fleisch biß auff das Bein verfaulen.« Verfaulendes Fleisch gehört zwar nicht zum Krankheitsbild der Leptospirose, die Symptome ähneln vielmehr denen einer schweren Grippe, in Salvador, der drittgrößten Stadt Brasiliens, wurde die Übertragung dieser Krankheit durch Rattenurin aber über Jahre untersucht und nachgewiesen. Die wichtigste Einsicht dieser Forschung: Je ärmer die Menschen, desto wahrscheinlicher ist es, dass sie erkranken, da ihr Trinkwasser durch Rattenurin verunreinigt ist. Auch die durch den Rattenfloh übertragene Pest, eine hochgradig ansteckende Infektionskrankheit, die durch das Bakterium *Yersinia pestis* ausgelöst wird, ist noch nicht ausgerottet. Die WHO zählt jährlich zwischen 1000 und 3000 Pestfälle, in den USA sterben pro Jahr im Schnitt sieben Menschen an der Pest. Die Ansteckung erfolgt in Nordamerika, soweit man das rekonstruieren kann, jedoch meistens durch Katzenflöhe.

In Gessners Naturkunde *heißt es: »Eine Ratt ist* [...] *manchem mehr bekannt dann ihm lieb ist«, aber auch: »Das Rattenfleisch ist hitziger und rässer oder schärpffer / als das Mäusfleisch«.*

Der Zusammenhang zwischen der Rattenpopulation (beziehungsweise ihren Flöhen) und der Pest wurde erst Ende des 19. Jahrhunderts erkannt. Dass die Ratte als Hauptüberträger gilt, obwohl auch andere Tiere infizierte Flöhe haben, liegt daran, dass die Ratten in großer Zahl in der Nähe des Menschen leben und daher als Überträger besonders effizient zu sein scheinen. Zudem passt es in unsere Vorstellung, dass ein Tier, das im Kanal, im Unrat lebt, auch für eine verheerende Seuche verantwortlich ist – allerdings eine ahistorische Betrachtungsweise, da die ›Kanalratte‹, also die Wanderratte, erst spät in Europa heimisch wurde. Wenn wir über eine Pandemie reden, basiert das nur zu einem Teil auf der Beschäftigung mit Zahlen, Fakten und naturwissenschaftlichen Zusammenhängen. Menschen reagieren auf Seuchen mit berechtigter, aber auch mit irrationaler Angst und fundamentaler Verunsicherung, sie suchen nach Erklärungen und nach Schuldigen, sie schaffen ein Narrativ, das das Unglück in die gewohnte Ordnung einbettet, indem es Ursache-Wirkung-Zusammenhänge herstellt, die es in der Wirklichkeit nicht gibt. Eine Pandemie ist immer eine gesellschaftliche Katastrophe.

Während der Pestpandemie um 1350 wurde die Bevölkerung Europas durch die Krankheit um ein Drittel dezimiert, die gesellschaftlichen Folgen waren enorm. Die Ratte ist der geeignete Sündenbock in diesem Zusammenhang, denn zur gleichen Zeit wie die Pest war auch die Hausratte auf den europäischen Kontinent gekommen, auf Segelschiffen aus Asien. Schnell hatte sich das Nagetier zur erntevernichtenden Plage entwickelt. Der ›Schwarze Tod‹ und die Ratte wurden in der kulturellen Erzählung unauflöslich verbunden, das kollektive Gedächtnis speicherte ein traumatisches Massensterben und die todbringende Ratte gemeinsam ab. Erst die jüngere Seuchenforschung korrigiert das Bild. Die Ratten und der Rattenfloh waren im Fall der großen Pest des Mittelalters, die ihren Ursprung wahrscheinlich in Zentralasien hatte und sich über Handelswege über Land ausbreitete, nicht die wichtigsten Krankheitsüberträger. Wären sie es gewesen, wären die Opferzahlen im Winter zurückgegangen. Außerdem wütete die Pest auch in Gegenden, in denen die Rattenpopulationen zu dieser Zeit noch klein waren. Wahrscheinlich war für die Ausbreitung der Pest im Mittelalter die Übertragung von Mensch zu Mensch durch Tröpfcheninfektion wichtiger als die Ansteckung durch Rattenflöhe. Sehr effizient bei der Krankheitsübertragung waren wohl auch Menschenflöhe und Kleiderläuse, die im Gegensatz zu den Ratten im 14. Jahrhundert tatsächlich allgegenwärtig waren. Für welche der in der Geschichte immer wieder auftretenden Ausbrüche der Pest (oder anderer Infektionskrankheiten, die als

Pest bezeichnet wurden) die Ratten eine größere Rolle spielten, ist noch nicht geklärt. Aber schon in der Bibel (1. Sam 4–6) bringen Nagetiere (Ratten oder Mäuse) Unglück in Gestalt einer tödlichen Krankheit mit Beulen über die Philister. Die Krankheit ist hier eine Strafe Gottes, das Tier sein Werkzeug. Der Gott des Alten Testaments kann nur besänftigt werden, indem goldene Abbilder der Beulen und der Nagetiere hergestellt werden.

Die Frage nach den Verursachern einer Katastrophe wie einer Seuche stellt sich immer, im Fall der Pandemie im Spätmittelalter hat die bis heute auch in der Wissenschaft noch emotional diskutierte Schuldfrage jedoch viel damit zu tun, dass die Krankheit zu tiefen Verwerfungen in den Gesellschaften führte. Wahrscheinlich die dramatischste Folge war die Verleumdung der Juden als Verursacher der Seuche. Sie wurden vertrieben und ermordet, wobei die historische Forschung nachgewiesen hat, dass die Pest in vielen Fällen als Ausrede diente, um sich am Hab und Gut der jüdischen Bevölkerung zu bereichern und Gläubiger loszuwerden. Nicht nur die Hatz auf menschliche Sündenböcke veränderte die Gesellschaft, auch kulturelle und zivilisatorische Errungenschaften der mittelalterlichen Stadtgemeinschaften gingen verloren, ganze Landstriche wurden durch die Krankheit entvölkert, Unterstützungsstrukturen brachen zusammen, religiöse Fanatiker erhielten Zulauf, traditionelle Autoritäten wurden untergraben. Nach dieser großen Pestpandemie war Europa ein anderer Kontinent. Der Historiker Ernst Bruckmüller beschreibt eine Umkehrung der Verhältnisse: »Nicht mehr die Bauern suchten Boden, sondern die Grundherren suchten Arbeitskräfte, die ihre öd gewordenen Höfe bewirtschafteten.« Und Egon Friedell stellt in sei-

Zwischen Norwegen im Spätmittelalter und Black Metal: In Theodor Kittelsens Zeichnungen von 1900 rast die Pest durchs Land, Ratten im Schlepptau.

nem Monumentalwerk *Kulturgeschichte der Neuzeit* fest, das »Konzeptionsjahr der Menschen der Neuzeit« sei das Pestjahr 1348. Damit meint er nicht, dass die Pest die Neuzeit begründete, sondern dass sie den Untergang der mittelalterlichen Welt besiegelte, und zwar für alle spürbar und erkennbar, aber zugleich auch unberechenbar und unverstanden. Das naturwissenschaftliche Wissen reichte damals nicht, um die Mechanismen von Ansteckung durch Parasiten oder die Bedeutung von Hygiene zu verstehen. Das war einer späteren Erkenntnis, nämlich der Entdeckung des Pesterregers und der Infektionsketten am Ende des 19. Jahrhunderts zu verdanken. Heute ist unsere Aufmerksamkeit für Zoonosen, die Krankheitsübertragung von Tieren auf Menschen, besonders geschärft und wir wissen: Schuld an Zoonosen sind nicht die Tiere, sondern die Menschen. Zerstörte Lebensräume der Wildtiere und ökologisch unvernünftige Essensgewohnheiten führen dazu, dass Krankheiten vom Tier auf den Menschen überspringen.

Rattengift und urban legends

Die Wanderratte folgte uns erst deutlich nach der Hausratte in unsere bequemen Städte, und wie gut sie mit unserem Lebensstil zurechtkommt, zeigt sich darin, dass der Schaden, den sie anrichtet, gleichermaßen aus Mangel (z. B. an sauberem Trinkwasser) wie aus Überfluss (z. B. an menschlicher Nahrung) resultieren kann. Letzterer ergibt sich daraus, dass Ratten neben ihrer Vorliebe für Fett auch eine für Zucker haben. Carmen Fikar, die Hausrattenpopulationen auf Kärntner Bauernhöfen dokumentiert hat, beköderte ihre Lebendfallen mit weißer Schokolade, Haselnusscreme, Erdnussbutter und Schoko-Toffees, eine gute Auswahl, wenn man sich bei Ratten beliebt machen will. Für die Rattenbekämpfung in den Städten ergibt sich aus dieser kulinarischen Vorliebe ein ganz besonderes Problem: Weggeworfene Schokodonuts schmecken besser als Rattengift. Eine Stadtratte hat es schlicht nicht nötig, Gift zu fressen, und fordert daher die Kreativität der Rattenbekämpfer.

Während die Verdrängung der Ratte durch Armutsbekämpfung eine ethische Frage ist, entwickelt sich die Rattenvernichtung in reichen Städten zur Hightech-Angelegenheit. Zum Einsatz kommen beispielsweise solarbetriebene Abfalleimer, die den Müll pressen und dicht abschließen oder per Sensor anzeigen, wenn sie geleert werden müssen. Einen besonderen Versuch unternimmt die Firma SenesTech mit dem Mittel ContraPest, das die Tiere nicht töten, sondern die Fortpflanzung verhindern soll, ein Verhütungsmittel, das in Konsistenz und Geschmack auf die Ratte abgestimmt ist: flüssig und süß. Ratten nehmen pro Tag eine Flüssigkeitsmenge von bis zu 10 Prozent ihres Körpergewichts zu sich.

Will man Ratten vergiften oder chemisch unfruchtbar machen, ist zu bedenken, dass die Tiere neophob sind und lieber auf bekannte Nahrungsquellen zurückgreifen, als neue Angebote auszuprobieren. Sogar eine sehr verfressene Ratte stürzt sich nicht gleich auf neues Futter, sondern kostet eher zögerlich. In freier Wildbahn werden unbekannte Futterquellen erst einmal mit Urin als nicht vertrauenswürdig gekennzeichnet. Dieses Verhalten eröffnet einen weiteren Konfliktherd beim Zusammenleben mit dem Menschen. Ratten machen Menschenessen unbrauchbar. Einer Schätzung zufolge verunreinigen Ratten zehn Mal mehr Lebensmittel, als sie fressen.

Und wie viele Ratten leben heute mit uns? In Deutschland sollen es rund 160 bis 200 Millionen sein, andere Schätzungen sind noch höher. Es handelt sich im wahrsten Sinn um eine Dunkelziffer: Ratten sind dämmerungs- bzw. nachtaktiv und bleiben deshalb dem von Natur aus für die Orientierung in der Dunkelheit sehr schlecht ausgestatteten Menschen meistens verborgen, alle Angaben zu frei lebenden Rattenpopulationen sind lediglich grobe Schätzungen. Dass es in Menschennähe sehr viele Ratten gibt, liegt jedenfalls nicht nur an der großen Fruchtbarkeit der Tiere. Ihr Erfolg verdankt sich auch einer Mischung aus – um es in menschliche Kategorien zu fassen – Neugier und Misstrauen. Und er verdankt sich uns.

Unser Bedürfnis danach, die Zahl der Ratten festzustellen, ist ausgeprägt, und das hat seinen Grund in unserer Angst vor der schieren Masse der Tiere. Für New York schwanken die Schätzungen zwischen 2 Millionen, eine Zahl, die der Statistiker Jonathan Auerbach von der Columbia University errechnete, und 20 Millionen, eine Zahl, die vor allem von Rattenhassern kolportiert wird. Für Großbritannien wird zurzeit eine Zahl von circa 150 Millionen Ratten genannt, wobei im zweiten Jahr der Coronapandemie die Schätzungen stark nach oben gegangen sind, was sich mit Berichten über lokale Rattenplagen überschnitten hat – und zwar als Medienphänomen: Kommt es zu mehr Rattenbegegnungen, weil es mehr Ratten gibt? Oder vermuten jene, die häufiger von Rattenbegegnungen lesen und hören, dass es mehr Ratten gibt? Der Korrespondent der *FAZ* titelte spöttisch »Ratmageddon im Königreich«. Dass Menschen, die davon leben, Ratten zu bekämpfen, ihre Zahl übertreiben, ist verständlich. Aber es ist bezeichnend, dass unser symbolisch aufgeladenes Verhältnis zu diesem Tier dazu geführt hat, dass sich im Allgemeinen und ohne Faktengrundlage die Schätzung für westliche Städte bei einem Mensch-Ratte-Verhältnis von 1:1 verfestigt hat. Robert Sullivan geht in seinem Buch *Rats* für New York von einer deutlich niedrigeren Zahl aus, und dass das 1:1-Verhältnis immer wieder kolportiert wird, liegt seiner Meinung nach daran, dass es gut klingt und niemand dieses eingängige Bild durch harte Fakten zerstören will. Eine andere vage Schätzung, die unsere Tendenz zur Mystifizierung bedient, besagt, dass ein Mensch in einer Stadt an keinem Ort weiter als *six feet* von einer Ratte entfernt sei. Nun sind sechs Fuß nicht einfach ein Meter und zweiundachtzig Zentimeter, *six feet under* zu sein bedeutet, begraben zu sein, wie jede Konsumentin US-amerikanischer Populärkultur weiß. Wenn es um Ratten

Spalten, Nischen, Röhren: Die Wanderratte schätzt und nutzt die städtische Infrastruktur.

geht, ist kaum jemals eine Aussage wertfrei, auch nicht Aussagen über ihre Zahl.

Die Rattenpopulation in Hamburgs Kanalsystem wird nicht nur durch Sichtungen bei Inspektionen und Kontrollgängen erfasst, sondern auch durch eine detaillierte GIS-gestützte Kartierung. Seit Jahren werden der ›Befall‹ und die Köderausbringung in einem dreistufigen System festgehalten, und gemeinsam mit einer Hochrechnung von Meldungen an der Oberfläche kam der Experte Mainhard Lakomy für die Stadt mit über 1,8 Millionen menschlichen Einwohnern auf eine geschätzte Rattenzahl von 1,5 Millionen.

Ob die Coronapandemie die Rattenpopulationen in Städten vergrößert, weil den Tieren leer stehende Geschäftsgebäude als ruhiger Rückzugsort dienen, sie generell weniger stressige Menschenbegegnungen haben und die nicht fachgerechte Entsorgung von größeren Hausmüllmengen gut für ihre Ernährung sind, oder ob im Gegenteil das geringere Nahrungsangebot im öffentlichen Raum durch geschlossene Geschäfte und Restaurants die Zahl der Ratten reduziert, darüber gehen die Meinungen auseinander. Und es wird nie Sicherheit darüber herrschen, denn es gibt auch keine zuverlässigen Zahlen aus der Zeit vor dem Auftreten von Covid-19, zumindest nicht für ein größeres Gebiet. Dass während der Pandemie vermehrt Rattensichtungen gemeldet wurden, könnte daran liegen, dass die Tiere sich sicherer fühlen, wenn es in der Stadt ruhiger ist, und sie daher öfter an die Oberfläche kommen. Oder daran, dass sie wegen geschlossener Restaurants und Märkte neue Futterquellen finden müssen und daher an Orten zu sehen sind, an denen sie bisher nicht waren. Oder daran, dass Menschen mit Covid-bedingt hochgefahrenem Hygienebewusstsein schneller den Schädlingsbekämpfer rufen. Oder daran, dass in einer ereignisarmen Zeit wie einem Lockdown auch das Auftreten eines Schadnagers in einer Garage eine Zeitungsmeldung wert ist. Wir wissen es nicht. Worin sich alle einig sind, die sich professionell mit Ratten beschäftigen: Die Rattendichte hängt vom Zustand der menschlichen Infrastruktur und vom menschlichen Verhalten ab.

Und da es in den Städten besonders viele Menschen und daher besonders viele sichtbare Ratten gibt, gibt es auch viele stadtbezogene Rattengeschichten, *urban legends* im engeren Sinn, beispielsweise Berichte über Riesenratten. Die stellen sich bei näherer Überprüfung meist als stark übertrieben heraus oder als das gewollt gruselige Ergebnis von perspektivisch originellen Smartphone-Fotos. Manchmal handelt es sich bei einem Exemplar einer ›Monsterratte‹ aber auch um den aufgedunsenen Kadaver einer Ratte, die länger im Wasser gelegen ist. Ein Klassiker ist die Ratte in der Kloschüssel, die wohl für die meisten Menschen eine besonders unangenehme Vorstellung ist, und das nicht nur wegen der Möglichkeit, das Tier könnte in andere Teile der Wohnung vordringen.

In der Tat können Ratten aus dem Kanal in Abwasserrohren nach oben klettern, indem sie sich mit Rücken und Hinterteil von der Rohrwand abdrücken und so raupenartig fortbewegen. Das passiert aber sehr selten, zum Beispiel bei Bauarbeiten im Kanal. Wenn der Weg frei ist, flüchten Wanderratten eher nach unten als nach oben. Dem ehemaligen Rattenexperten von Hamburg Wasser, Mainhard Lakomy, kam in seinen vielen Jahren der Rattenpraxis nur ein einziger dokumentierter

Fall eines sogenannten Beckentauchers unter. Wer gern eine Ratte in seiner Kloschüssel hätte, entsorge darin Essensreste, denn dadurch wird die Rückstauklappe, die normalerweise einer nach oben kletternden Ratte den Weg versperren würde, blockiert. Üblicherweise haben Kanalratten es nicht nötig, zur Futterbeschaffung hinaufzuklettern, denn ins Klo geschüttete Abfälle kommen ohnedies unten an, wir bieten ihnen den perfekten Lieferservice. Daraus ergibt sich aber auch, dass das, was die Kanalratte zum ekligen Tier macht, der größte Vorteil ist, den wir aus dem Zusammenleben mit ihr ziehen: Ratten sind Abfallentsorger im großen Stil und vertilgen in einer Stadt Tonnen von Müll. Würde uns ihre Ausrottung in den Städten wirklich gelingen, würden wir die Ratten bald schmerzlich vermissen.

Dass Rattenvergiftung so oft nicht funktioniert, hat auch mit einem Verhaltensmuster der Tiere zu tun, das manchmal als ›Vorkoster-Phänomen‹ bezeichnet wird. Wenn ein Rattenrudel auf eine unbekannte Nahrungsquelle stößt, wartet es erst einmal ab. Junge, unerfahrene oder besonders hungrige Tiere probieren nach einiger Zeit als Erste etwas von dem Futter. Handelte es sich um einen Giftköder und der Vorkoster zeigt Krankheitssymptome und stirbt, nimmt keine Ratte des Rudels diese Nahrungsquelle an. Auch wenn der ersten Ratte nur übel wird und sie das Futter daraufhin markiert und meidet, geht keine andere Ratte aus dem Rudel mehr dran, diesbezüglich herrscht strenger Gruppenzwang. Eine andere Verhaltensweise, die wir anthropomorphisierend als Vorsicht beim Fressen interpretieren, ist das Überprüfen des Mundgeruchs älterer Tiere. Jüngere Ratten können riechen, was die älteren gefressen haben. Diese Nahrung gilt dann auch bei den jungen Tieren als ungefährlich. Generell sind Jungtiere aber unvorsichtiger und eher geneigt, unerprobte Nahrung zu fressen als ältere, wohl auch, weil sie bei unbedenklichen Nahrungsquellen öfter zu kurz kommen oder weil sie besonders viel Energie verbrauchen. Aus der menschlichen Perspektive mag das Verhalten einer jungen Ratte bei unbekannten Futterquellen wie die ›Aufopferung‹ für das Rudel aussehen und wird auch immer wieder so beschrieben.

Ein anderes Hindernis bei der Rattenbekämpfung mit Gift sind die Resistenzen. Ratten, die regelmäßig eine geringe Menge an Gift zu sich nehmen, gewöhnen sich daran (wie sich alle Organismen generell auf Schadstoffe einstellen können), und ihre Toleranz gegenüber Gift wird größer. Bekämpft werden Ratten üblicherweise mit Gerinnungshemmern, die Tiere verbluten innerlich. Schon in den 1950er-Jahren hat David E. Davis darauf hingewiesen, dass Vergiftungsversuche dazu führen, dass jene Individuen, die aufgrund ihrer Konstitution oder ihrer Strategien die Aktionen überleben, mehr Platz und Nahrung bekommen und sich deshalb stärker vermehren als zuvor. Heute kann man auf einer Landkarte, im Internet bereitgestellt von Rodentizid-Herstellern, nachvollziehen, wo in Europa sich die Wanderratten bereits an die Vergiftungsaktionen gewöhnt haben.

Nicht für Ratten, wohl aber für Mäuse wurde nachgewiesen, dass sie Genmutationen aufweisen können, durch die bestimmte Arten von Gift völlig unwirksam werden. Eine menschengemachte Mutantenratte, quasi unvergiftbar, ist eine geeignete Kandidatin für neue Schreckensmeldungen über die Gefähr-

Aus dieser Perspektive sehen Städtebewohner ihre Ratten häufig: Adolph Menzel zeichnete Die Ratte im Rinnstein *für sein »Kinderalbum«.*

lichkeit des Tieres, und wahrscheinlich gibt es in irgendeiner Ecke des Internets auch schon eine darauf basierende *urban legend*. Aber die Wirklichkeit ist erschreckender, denn wir haben es tatsächlich schon geschafft, die Ratte durch Mutation für uns gefährlicher zu machen: Wir haben einen mutierten Organismus an sie weitergegeben, Bakterienstämme, die resistent gegen Antibiotika sind, sogenannte Krankenhauskeime. Sie gelangen ins Abwasser, mithin in das Habitat der Wanderratte, und durch ihren Kot und Urin auch sonst überall hin, wo sich Ratten aufhalten. Befunde für Berlin und Wien zeigen: In jeder sechsten Ratte stecken multiresistente E.-coli-Bakterien, die beim Menschen Durchfall, Lungenentzündung und Blutvergiftung auslösen können.

Aber auch Rattenvernichtung kann gefährlich sein. Louis-Sébastien Mercier berichtet 1781 in seinem *Le tableau de Paris* von der Rattenplage in der Stadt, der Rattenfänger mit großflächig ausgestreutem Arsen beizukommen versuchen, eine Maßnahme, die »mehr Unheil als Nutzen« bringt. Auch die Rattenbekämpfung mithilfe anderer Tiere ist lange belegt und hat Nachteile. In Paris zu Zeiten Merciers wurden die zur Nagervertilgung gehaltenen Katzen ihrerseits zur Plage, in jüngerer Zeit rotteten auf einigen karibischen Inseln die zur Rattenbekämpfung aus Indien mitgebrachten Mungos endemische Vogelarten aus. Ebenfalls gegen Ratten eingesetzt werden soll ein Parasit: *Sarcocystis singaporensis.* In großer Zahl in die Ratte eingeschleust (in Ködern aus Weizenmehl, Öl und Zucker), bringt er seinen Wirt in kurzer Zeit um. Für diese Methode der Rattenvernichtung spricht, dass man Ratten, die auf diese Art zu Tode gekommen sind, im Gegensatz zu einer auf herkömmliche Art vergifteten noch essen kann, was überall dort relevant ist, wo Rattenfleisch gegessen wird, etwa in Südvietnam, Teilen von Laos und Thailand. Allerdings kocht ohnedies niemand eine Ratte, die an einem biologischen Vernichtungsmittel verendet ist, denn auch die ernteschädigende und deshalb bekämpfte Reisfeldratte (*Rattus argentiventer*) schmeckt nur frisch zubereitet gut. Die Bauern fangen sie auf ihren Feldern und schlagen damit sozusagen zwei Fliegen mit einer Klappe: Sie dezimieren die Schädlinge und nutzen sie als Nahrungsquelle oder verkaufen das Fleisch auf Märkten. Thomas Jäkel, Privatdozent für Zoologie an der Universität Hohenheim und an der Entwicklung der erwähnten Nagerbekämpfung durch Parasiten beteiligt, warnt allerdings vor dem Verzehr wilder

Ratten, denn sie können zahlreiche Krankheitserreger in sich tragen. Laut Jäkel liegt das Problem nicht im gut durchgegarten Rattenfleisch. Vielmehr erfolgt die Ansteckung durch Wasser, das mit Rattenkot und -urin verschmutzt ist, und beim Ausnehmen der Tiere.

Um eine vollständig ausgerottete Hausrattenpopulation geht es in T. C. Boyles Roman *Wenn das Schlachten vorbei ist*, erschienen 2011. Im Mittelpunkt stehen zwei Fraktionen von Umwelt- und Tierschützern. Die eine wird vertreten durch eine Biologin, die auf die Bekämpfung von eingeschleppten Arten wie *Rattus rattus* spezialisiert ist, die das ökologische Gleichgewicht auf Inseln stören, konkret auf den Channel Islands vor Kalifornien. Der anderen Fraktion gehört ein radikaler Tierschützer an, der das Töten von Tieren, auch das von Ratten, ganz grundsätzlich ablehnt. T. C. Boyle behandelt in seinem Roman aktuelle und für unsere Gesellschaften relevante Fragen, wie die, ob bestimmte Spezies, zum Beispiel seltene Vögel, wertvoller sind als andere. Und wie Tier- und Umweltschutz im großen gesellschaftlichen Rahmen mit persönlichen Entscheidungen wie veganer Ernährungsweise zusammenhängen.

Der Roman handelt vom Kampf um Anacapa, eine unbewohnte Insel der Channel Islands, auf der vom Menschen eingeschleppte Hausratten die Gelege und den Nachwuchs von seltenen Seevögeln fressen. Das National Park Service beschließt, die Ratten mit einer großen Vergiftungsaktion auszurotten, Tierschützer versuchen, die Aktion zu sabotieren. Boyle ließ sich von der Wirklichkeit inspirieren. Im Jahr 2001 sollte ein Hubschrauber Rattengift in großen Mengen über Anacapa abwerfen. Die Aktion wurde wegen des Einspruchs einer Tier-

Ratten von Frettchen getötet, *1900: Dafür bräuchte der junge Mann in Deutschland heute einen Jagdschein.*

schutzorganisation unterbrochen, wobei es bei der Klage nicht um das Wohl der Ratten ging, sondern um die möglichen Kollateralschäden der Vergiftungsaktion. Die Klage wurde abgewiesen, der Abwurf der Rattenköder durchgeführt. Im Jahr 2013 lud das National Park Service zur Pressekonferenz auf die Insel ein, um zehn rattenfreie Jahre und die daraus resultierende Erholung der endemischen Tierbestände zu feiern. Die Tiere, die durch die völlige Ausrottung der Hausratte auf Anacapa ihrerseits vor der Dezimierung oder Ausrottung bewahrt wurden, haben Namen, wie sie sich ein Romanautor nur wünschen kann: *deer mouse*, *ashy storm-petrel*, *Scripps's murrelet* – noch besser in der deutschen Übersetzung: Hirschmaus, Einfarb-Wellenläufer, Lummenalk, und aus dem *spotted skunk* macht die Übersetzung einen ›Tüpfelskunk‹.

Bei der Rattenbekämpfung geht es in der Praxis um die Begrenzung der Population, in diesem Fall jedoch um die vollständige Ausrottung. Auch der Rattenfänger von Hameln wusste, dass man kein einziges Exemplar übrig lassen durfte, wollte man einer Rattenplage ein Ende setzen: »Der Rattenfänger zog demnach ein Pfeifchen heraus und pfiff, da kamen alsobald die Ratten und Mäuse aus allen Häusern hervorgekrochen und sammelten sich um ihn herum. Als er nun meinte, es wäre keine zurück, ging er hinaus, und der ganze Haufen folgte ihm, und so führte er sie an die Weser.« So steht es in der Sage der Gebrüder Grimm von 1816. Die Methode der Rattenvernichtung, die dieser Rattenfänger angewendet haben soll, ist allerdings besonders ineffizient: Ertränken in einem nicht übermäßig breiten und eher ruhigen Fluss. Wanderratten sind ausgezeichnete und ausdauernde Schwimmer, und Hausratten, die zu des Rattenfängers Zeiten die vorherrschende Art waren, mögen Wasser zwar nicht, würden aber trotzdem das Ufer erreichen.

Dass Ratten atomare Katastrophen überleben würden, ist eine im Zusammenhang mit Weltuntergangsszenarien gern erzählte Geschichte, die von großem symbolischem Gehalt ist. In einer Inszenierung von Richard Wagners *Walküre* durch das Regiekollektiv Hotel Modern an der Staatsoper Stuttgart 2021 wird die Geschichte um das Geschwisterpaar Siegmund und Sieglinde in eine postapokalyptische Szenerie eingebettet, in eine zerstörte Welt mit zerbombten Gebäuden und verbrannten Wäldern, in der es kein menschliches Leben mehr gibt. Nur die Ratten haben überlebt, und das Überleben dieser verabscheuten Tierart gehört untrennbar zur Horrorvision, die hier erzeugt werden soll. Der Untergang ist dadurch potenziert, dass diese ständig von uns bekämpfte Spezies über uns triumphiert. Ein Weltuntergang, den zum Beispiel nur der Tüpfelskunk überlebt, hat weniger Wucht; und das trotz der gleichbleibenden Konsequenzen für uns. Würde es aber stimmen, dass Ratten einen Atomkrieg überleben, flösse sehr viel Geld in die Erforschung der Widerstandskraft der Ratte gegen nukleare Verseuchung – für uns, damit wir mit ihnen übrig bleiben, ausgerechnet mit ihnen.

Die Ratte im Dienste des Menschen

Die übliche Definition von Nutztier hat etwas mit Bekleidung (Leder, Fell) und Nahrung (zum Beispiel Fleisch) des Menschen zu tun. Dass europäische Ratten als Fell- und Lederlieferanten unwirtschaftlich sind, ist klar. Aber sie haben sozusagen eine kulinarische Seite. Zum Beispiel ist es bei der Rattenbekämpfung nicht nur relevant zu wissen, was die Ratte frisst, sondern auch, wer die Ratte frisst. Werden in einem Land Katzen oder Schlangen gegessen (aus Not oder weil sie gut schmecken), kann eine Rattenplage die Folge sein. Der andere und im eigentlichen Sinn kulinarische Nutztieraspekt der Ratte betrifft die Frage, ob die Ratte als Nahrungsmittel für den Menschen taugt. Vielleicht haben die Assyrer und die Babylonier Ratten gegessen. Wir wissen es nicht, weil für unterschiedliche Nagetiere nur eine Bezeichnung existierte. Was wir mit Sicherheit sagen können: Von Europäern wird die Ratte nur in außerordentlichen Notsituationen gegessen, etwa bei unberechenbar lange währenden Weltumsegelungen wie der von Magellan in den Jahren 1519 bis 1522. Aber Conrad Gessner wusste in seinem erstmals 1551 erschienenen *Thierbuch* zu berichten: »Das Rattenfleisch ist hitziger und rässer oder schärpffer / als das Mäusfleisch / welches man auß dem Geschmack wol erkennen kann / zertreibt un troecknet derhalben auch mehr / auß welcher Ursach auch der Koth hitziger und rässer seyn soll / als von den Mäusen.«

In der europäischen Volksheilkunde der frühen Neuzeit wurde die getrocknete und geriebene Ratte als Heilmittel gegen Epilepsie und Bettnässen oder Rattenkot gegen Haarausfall und Menstruationsbeschwerden verwendet. Ein aktuelles Nischenprogramm der Rattennutzung sind die Gambia-Riesenhamsterratten (*Cricetomys gambianus*), Großcousinen der Wanderratte, genannt HeroRATs, die für die Suche nach Landminen, aber auch als Spürratten zur TBC-Erkennung eingesetzt werden. Ihr Einsatz für die Geruchserkennung von Covid-19-Infektionen bei Menschen wäre ebenfalls möglich.

Die ›Laborratte‹ wurde wiederum per definitionem zu keinem anderen Zweck gezüchtet, als für die Wissenschaft ›verbraucht‹ zu werden, wie das üblicherweise ausgedrückt wird, also für Experimente benutzt und gegebenenfalls getötet. Der größte Teil der Labortiere – das sind nicht nur Ratten, sondern auch Mäuse, Kaninchen, Hamster, Rhesusaffen und andere Tiere – dient der biologischen Grundlagenforschung. Tierversuche zur Entwicklung von Kosmetika, Waschmitteln und Tabakerzeugnissen sind in der EU seit 2013 grundsätzlich verboten. Wer Tierversuche befürwortet, tut dies zumeist mit dem Argument, sie seien bei der Produktion und Kontrolle von Arznei- und Medizinprodukten und für sicherheitsrelevante toxikologische Untersuchungen unersetzlich. Das Tier wird hier zum Wohl des Menschen eingesetzt, und das sei gerechtfertigt. Das ist eine ethische Frage, die sich nicht nur im Zusammenhang mit Laborversuchen, sondern ganz grundsätzlich stellt: Welches Recht haben wir Menschen, Tiere für unsere Zwecke zu nutzen? Eine hoch entwickelte Feldwirtschaft wäre ohne Nutztiere nicht denkbar, die meisten Menschen essen Tiere und

In Europa wird die Ratte nur in höchster Not gegessen, zum Beispiel bei der Belagerung von Paris 1870/71, à zwei Francs das Stück.

tierische Produkte, eine Diskussion über diese Ernährungsweise steht noch ganz am Anfang und wird durch das System der Massentierhaltung und alle Probleme für Tier, Mensch und Umwelt, die aus ihr entstehen, angetrieben. In Österreich werden pro Jahr rund 240 000 Tiere (davon circa 5000 Ratten) für Tierversuche verwendet; für den Verzehr geschlachtet wurden im Jahr 2019 in Österreich rund 91 Millionen Hühner, circa 5 Millionen Schweine, rund 680 000 Rinder und Kälber und dazu noch um die 400 000 Schafe und Ziegen – das macht ungefähr 3 Tiere pro Sekunde.

Die wichtigste Frage bei Tierversuchen ist, ob an Tieren durchgeführte Experimente und Studien für den Menschen unbedingt nötig sind. Eine andere Frage ist die nach der Übertragbarkeit von Testergebnissen von einer Spezies auf die andere. Eine im Tierversuch unschädliche Substanz kann auf den menschlichen Organismus mitunter durchaus schädlich wirken; trotz der verpflichtenden extensiven Tests von Arzneimitteln an Tieren gibt es immer wieder Fälle, in denen Medikamente in den klinischen Studien unerwartete und unerwünschte Wirkungen auf den Menschen haben; ein am Labortier künstlich erzeugtes Krankheitsbild stimmt nicht mit der Erkrankung beim Menschen überein. *Der Mensch ist keine 70-Kilo-Ratte* lautete der Titel eines tierversuchskritischen Vortrags von Thomas Hartung, Professor für Pharmakologie und Toxikologie an der Universität Konstanz und Professor für evidenzbasierte Toxikologie in Baltimore. In diesem Sinn ist die Übertragbarkeit von Tierversuchen natürlich tatsächlich nicht gegeben, allerdings sind die genetischen, biochemischen und auch Verhaltensparameter von Ratten denen des

Menschen zumindest relativ ähnlich. Unter anderem zeigt sich das bei keimschädigenden Effekten (embryonaler Missbildung) durch Strahlen, Chemikalien und Viren: Die Folgen für Ratte und Mensch weisen genug Überschneidungen auf, um toxikologische Tests zu rechtfertigen. Auch die Hirnphysiologie ist ähnlich genug, um die Ratte zum ›Modellorganismus‹ für Menschen und damit zum Studienobjekt zu machen. Das in den Labors am häufigsten ›verbrauchte‹ Tier ist allerdings nicht die Ratte, sondern die Maus.

Ratten und Mäuse haben einen großen Vorteil für die medizinische Forschung: ihre hohe Reproduktionsrate. Sie ermöglicht eine gezielte Zucht für die Entwicklung spezifischer Therapien, zum Beispiel die ›Diabetesmaus‹ mit erhöhten Blutzuckerwerten. An den Nagetieren sind Studien über viele Generationen hinweg möglich. Die Liste der Menschenkrankheiten, die an Ratten untersucht werden, ist lang: Bluthochdruck, Fettsucht, Diabetes, Katarakte, Schlaganfall, Parkinson, Alzheimer, Nierenfunktionsstörungen, Krebs, Zystische Fibrose, HIV und Aids, Herzerkrankungen, Muskuläre Dystrophie. Außerdem dienen Ratten als Modell für Verhaltensstudien, sensorische Untersuchungen, Studien zu Alterungsprozessen und für die Erforschung von Suchtkrankheiten. Durch Gentechnik kann passend gemacht werden, was am Tier nicht passt. Das sogenannte humanisierte Mausmodell, ein transgenes Tier mit menschlichen Leberzellen, wird etwa bei der Erforschung von Hepatitis eingesetzt. Auch sogenannte Knock-out-Ratten haben sich bewährt. Das sind gentechnisch veränderte Ratten, bei denen Gene gezielt ausgeschaltet werden, um ein menschliches Krankheitsbild zu simulieren.

Die Verwendung von Tieren für die Forschung im weitesten Sinn hat eine lange Tradition. Der griechische Arzt Alkmaion von Kroton sezierte im 6. Jahrhundert vor unserer Zeitrechnung Tiere und entdeckte den Sehnerv. Der griechische Arzt und Naturforscher Galen (129–200 n. Chr.) versuchte, durch Experimente und anatomische Studien an Tieren unter anderem den Unterschied zwischen Venen und Arterien und die Funktionsweise des Nervensystems zu beschreiben. Galens Fall ist allerdings auch ein gutes Argument gegen Tierversuche, denn seine Experimente führten zu Fehlinterpretationen und falschen Übertragungen vom Tier auf den Menschen. Diese falschen Schlüsse wurden zu verbindlichen Lehrmeinungen, und statt den medizinischen Fortschritt voranzubringen, wurden sie zum Hemmschuh. Wissenschaftliche und ethische Einwände gegen Tierversuche gibt es seit Jahrhunderten, aber erst 1959 wurden in *The Principles of Humane Experimental Technique* von William Russell und Rex Burch die drei R im Umgang mit Versuchstieren gefordert: *replacement, reduction, refinement* – also Tierversuche durch andere Methoden zu ersetzen, weniger Tiere zu ›verbrauchen‹ und bei unbedingt notwendigen Tests durch verbesserte Bedingungen die Qual oder den Stress der Tiere zu verringern.

Heute kann man in vielen Fällen auf In-vitro-Methoden (die Forschung an Mikroorganismen oder Zellkulturen im Reagenzglas) oder auf Computersimulationen zurückgreifen, das Experiment am lebenden Tier ist oft nicht mehr nötig. Dadurch und durch gesetzliche Bestimmungen kann die Zahl der Versuche mit Laborratten deutlich verringert werden. Während der Coronapandemie hat sich gezeigt, wie diese Verbesserungen konkret aussehen können: Die schnelle Entwicklung von Impfstoffen, die gegen SARS-CoV-2 schützen, wurde auch durch die Kooperation von Forscherteams und beschleunigten Datenaustausch mit Kontroll- und Zulassungsstellen möglich, unnötige Wiederholungen von Tierversuchen wurden vermieden. Da sich Ratten (und Mäuse) auf natürlichem Weg nicht mit dem SARS-CoV-2-Virus anstecken können, hatten sie in dieser Pandemie als Labortiere eine geringere Bedeutung als Frettchen, Hamster und Rhesusaffen.

Wie sich die Haltungs- und Zuchtbedingungen für soziale Labortiere wie Ratten verbessern lassen, ist mittlerweile Gegenstand der Wohlergehensdiagnostik. Eine Vertreterin dieser Disziplin ist Helene Richter, Professorin für Verhaltensbiologie und Tierschutz an der Uni Münster, die von den kognitiven Leistungen der Versuchstiere auf ihr Befinden schließt. Durch ihre Forschung, die das Wohlbefinden der Versuchstiere berücksichtigt, bricht Richter mit einem Grundsatz der Laborpraxis, nämlich dem, dass Versuchsbedingungen und Versuchstiere ›standardisiert‹ sein müssen, damit Experimente reproduzierbar sind. Denn sobald das Tierwohl ins Spiel kommt, kann es keine Standardisierung der Laborumgebung mehr geben.

In Ursula K. Le Guins Shortstory *Mazes* (Labyrinthe) wird die kalte Laboratmosphäre eines typischen Labyrinthversuchs dargestellt. Le Guin beschreibt den Ablauf der Experimente aus der Perspektive eines spirituell höchst alerten Lebewesens. Die Belohnung für korrekt erfüllte Aufgaben ist ungenießbares Futter, jeder Kommunikationsversuch vonseiten des ›Versuchsobjekts‹ scheitert, die Experimente mit unterschiedlichen Knöpfen, die gedrückt werden müssen, ergeben keinen Sinn.

Johann Daniel Meyer schreibt 1752 in seiner Vorstellung allerhand Thiere wie ihren Gerippen: *»Es ist die Ratte überall so bekannt, daß es von solcher hier viel zu melden, ein Ueberflus wäre«.*

Und nach jedem Versuch wird das Erzähler-Ich allein in ein Gefängnis gesperrt. Es wird an dieser Behandlung im Labor sterben, denn keines seiner natürlichen Bedürfnisse, ob nach frischem Futter oder Gemeinschaft, wird erfüllt. In der wirklichen Welt der Tierversuche sollte der *refinement*-Ansatz eine solche Versuchsanordnung mittlerweile unmöglich machen. Dem kommt entgegen, dass ausreichend belegt ist, dass auch bei standardisierten Versuchen die Reproduzierbarkeit der Ergebnisse oft nicht gegeben ist, die Standardisierung entpuppt sich immer wieder als Illusion. Zu viele Komponenten spielen eine Rolle, zu viele Unwägbarkeiten, allen voran menschliches Verhalten, beeinflussen die Versuche. Laborratten müssen nach dem neuen Ansatz daher nicht mehr unbedingt in karg möblierten Käfigen einzeln vor sich hin vegetieren, sondern leben in Gruppen in Umgebungen, die ihnen eine gewisse Abwechslung bieten.

Auch wenn die Haltung und die Zuchtbedingungen der Laborratten nicht mehr durchgehend standardisiert sein sollten, im biologischen Sinn ist es die Laborratte weiterhin und immer mehr in einem hohen Maß, das durch Gentechnik erzielt wird. Laborratten stammen von der Wanderratte ab, sind aber fortpflanzungsfähiger als diese. Anfang des 20. Jahrhunderts wurde im Wistar Institute in Philadelphia die Wistar-Ratte gezüchtet, die heute am häufigsten in Laboren zum Einsatz kommt und für die meisten Menschen der Inbegriff der Laborratte ist: eine weiße Ratte mit roten Augen, denn sie ist ein Albino. Das Unternehmen Janvier Labs, das auf die Zucht von Laborratten und Mäusen spezialisiert ist, beschreibt sie so: »Die WISTAR-Ratte ist ein vielseitiger, ausgezüchteter Stamm, der in allen Forschungsdisziplinen der Medizin und der Biologie benutzt wird. Seine Langlebigkeit sowie seine Tumorerkrankung machen daraus die beste Wahl für Langzeitstudien, insbesondere für Studien über das Altern.« Unterschiedliche Linien der Wistar-Ratte werden als Modelle für unterschiedliche Tumoren angeboten, also mit einer Tendenz, an bestimmten Krebsarten zu erkranken. Ist genetische Standardisierung erwünscht, werden die Ratten durch Inzucht vermehrt. Als für die Forschung tauglich gelten Individuen, die aus mindestens 20 Generationen von Bruder-Schwester-Verpaarungen hervorgegangen sind. Es gibt Hunderte dokumentierte Inzuchtstämme und circa 50 Auszuchtstämme, die kommerziell oder in den Labors selbst gezüchtet werden. Eine aufwendige Nomenklatur soll sicherstellen, dass für jeden experimentellen Zweck die richtige Ratte oder Maus verwendet wird, besonders bei Knock-in- und Knock-out-Tieren, also bei Tieren mit verändertem Genmaterial.

Zahlreiche Versuche, die an Ratten in Laboren durchgeführt werden, deuten auf die Ähnlichkeit der Hirnphysiologie unserer beiden Spezies hin und darauf, dass wir aufgrund einiger Übereinstimmungen in manchen Fällen ein ähnliches Verhalten an den Tag legen. Experimentell nachgewiesene Korrelationen dieser Art und daraus entstandene Erkenntnisse über die Ratte, die Rückschlüsse auf uns zulassen, finden, wenn sie auf nur mäßig grausame Weise erreicht wurden, ihren Weg aus dem Labor in populärwissenschaftliche Medien und von dort in die Tagespresse; Experimente, deren wichtigste Erkenntnis darin besteht, dass die beiden Spezies nicht vergleichbar sind, gelangen natürlich gar nicht erst an die breite Öffentlichkeit, denn niemand im Wissenschaftsjournalismus macht eine Schlagzeile daraus, dass bei einem Rattenexperiment keine übertragbare oder relevante Erkenntnis für Menschen gewonnen wurde.

Das Interesse am Verhalten der Ratte war jedenfalls von Anfang an groß, schon zu Beginn des 20. Jahrhunderts wurden Experimente mit Ratten in Labyrinthen durchgeführt. Heute sind Ratten Bestandteil des 600 Millionen Euro teuren *Human Brain Project*. Ein ganzes Gehirn sollte im Rahmen dieses Projekts im Computer modelliert werden, ein Vorhaben, das bald wieder zu den Akten gelegt wurde. Immerhin sind die Kartierung eines Drittels eines Kubikmillimeters Rattengehirn, genauer gesagt: Zellgewebe der Großhirnrinde mit circa 30 000 Neuronen, und die Entwicklung eines virtuellen ›Rat Brain Atlas‹ gelungen. Dafür haben die Forscher zehn Jahre, eine große Menge an Rattengehirnen und einen Park von Supercomputern gebraucht. Jetzt kann ein Roboter namens ›WhiskEye‹ mit Unterstützung einer rudimentär rattengehirnähnlichen KI vorhersagen, wie sich eine Oberfläche, die er visuell erfasst hat, anfühlen könnte.

Dass das Gehirn mit einem solchen Aufwand beforscht wird, hat mehrere Gründe, die Verbesserung von Robotern, die uns Menschen Arbeiten abnehmen sollen, ist nur einer davon. Ein anderer, dass reiche Menschen immer älter werden und wir versuchen, die Prozesse der Degeneration und des Alterns des Gehirns zu verstehen. Und selbstverständlich ist das Gehirn als Sitz des Bewusstseins und als mutmaßliche Verarbeitungszentrale für Gefühle jenes Organ, das heute für das Spezielle des Menschseins verantwortlich gemacht wird. So wird die Ratte nicht um ihrer selbst willen beforscht, sondern um den biologischen Grundlagen unseres Werdens und Vergehens auf die Spur zu kommen. Das Tier, von dem wir uns oft mit Ekel abwenden, das wir verfolgen und vernichten, ist also jenes, das uns zum Verständnis unserer eigenen Natur und unseres Verhaltens, gar unserer Besonderheit verhelfen soll: Das ist nur eine der vielen Paradoxien im Mensch-Ratte-Verhältnis.

Adam P. Steiner und David Redish von der University of Minnesota haben herauszufinden versucht, ob Ratten Reue zeigen. Reue wird dabei definiert als die Einsicht, dass die Folge einer Handlung schlechter ist als erwartet und dass dieses schlechtere Ergebnis ursächlich mit der eigenen Handlung zu tun hat. Außerdem wirkt sich Reue auf zukünftige Handlungen aus. Um Reue zu empfinden, muss man über eine Handlung nachdenken und eine Fehlentscheidung als solche erkennen können. Die Frage war also, ob Ratten das können, und wenn ja, wo im Kopf der Ratte Reaktionen messbar sind – und natürlich, was das über uns Menschen aussagt. In dem Experiment ließen Steiner und Redish Ratten durch einen Parcours laufen, in dem die Tiere in verschiedenen Abteilungen mit Verzögerung unterschiedlich schmeckendes Futter angeboten bekamen. Ein Ton zeigte den Ratten an, wie lange es in den jeweiligen Abteilungen des Parcours dauern würde, bis sie an das Futter herankamen. Da die Durchgänge durch den Parcours zeitlich begrenzt waren, mussten die Ratten entscheiden, ob es sich lohnt, in einer Abteilung auf ihr Lieblingsfutter zu warten oder in die nächste Abteilung weiterzugehen, in der das Futter vielleicht nicht so gut schmeckt, aber schneller serviert wird. Bei derlei Lebendversuchen zur Hirnstruktur werden den Ratten Sonden implantiert, die die elektrische Aktivität des Gehirns aufzeichnen, im konkreten Fall jene aus den Regionen, von denen man vermutet, dass sie bei Entscheidungsfindung und Reue beteiligt sind: der orbitofrontale Cortex, der für die Erwartung einer zukünftigen Belohnung verantwortlich sein könnte, und das ventrale Striatum, die Hirnregion, die vielleicht für die Evaluation von Ergebnissen zuständig ist. Die Studienautoren machten erstens die Beobachtung, dass Ratten, die in einer Abteilung mit ihrem bevorzugten Futter nicht gewartet hatten, sondern weitergelaufen waren und in der nächsten Abteilung etwas weniger Schmackhaftes bekommen hatten, auffallend oft in die Richtung der Abteilung zurückschauten, die sie vorzeitig verlassen hatten. Interpretation: Die Ratten beschäftigten sich nachträglich mit ihrer Entscheidung. Zweitens adaptierten die Ratten ihr Verhalten und waren nach einer Fehlentscheidung bereit, länger auf das Futter zu warten. Außerdem ließen die gemessenen neuronalen Aktivitätsmuster in den zwei Hirnregionen den Schluss zu, dass die Ratten, während sie das weniger schmackhafte Futter zweiter Wahl fraßen, noch an die bessere, aber verschmähte Variante dachten. Interpretation: Sie bereuten, dass sie sich falsch entschieden hatten. Was dieses Experiment, das unter dem Titel ›Reuige Ratten‹ medial verbreitet und mit Restaurantbeispielen veranschaulicht wurde, vor allem zeigt, ist, dass wir eher bereit sind, den Ratten menschliches Verhalten zu unterstellen und zu behaupten, sie seien höher entwickelt als bisher bekannt, als zuzugeben, dass Verhaltens- und Wahrnehmungsweisen, die wir für menschlich und überlegen halten, also zum Beispiel Reue, Eigenschaften sind, die wir mit anderen Spezies teilen. Die Vorstellung, Rat-

Beim Atomwaffentest im Bikini-Atoll 1946 wurden ca. 5000 Ratten verstrahlt. Die wenigen überlebenden Tiere wurden für weitere Tests im Labor verwendet.

ten seien uns Menschen in dem einen Bereich ähnlich, ist offenbar trotz des schlechten Leumunds der Nager weniger kränkend als die Erkenntnis, dass bestimmte Verhaltensweisen kein Ergebnis eines überlegenen Geistes oder gar einer überlegenen Moral, sondern einfache, evolutionär vorteilhafte Strategien sein könnten. Ein Nebeneffekt dieser Versuche, die den Ratten menschliche Eigenschaften zuschreiben, ist die Aufwertung des Tiers. Allerdings ist sie so partiell, dass sie für eine nachhaltige Imagekorrektur nicht reicht.

Ein anderes Experiment mit Ratten sollte darüber Auskunft geben, ob die erbliche Disposition zur Depression durch äußere Einflüsse ausgehebelt werden kann. Eva Redei von der Northwestern University Feinberg School of Medicine in Chicago arbeitete mit einem Rattenstamm, der seit über 30 Generationen auf Depression gezüchtet ist. Das genetische Modell der Depression bei Ratten und Menschen soll sehr ähnlich sein. Die depressiven Ratten wurden in großen Käfigen mit Spielsachen und Verstecken und mit Kontakt zu Artgenossen gehalten. Nach einem Monat war ihr depressives Verhalten reduziert: In einen Wassertank geworfen, schwammen die Ratten aus dem Spieleparadies trotz genetischer Disposition zur Depression um ihr Leben, wohingegen depressive Ratten ohne wochenlanges Animationsprogramm schnell aufgaben und untergingen. Es wurde auch getestet, ob Ratten ohne Depressions-Gen durch dauernden Stress, der erzeugt wurde, indem sie auf engstem Raum zusammenleben mussten, depressiv werden. Das Ergebnis war nicht überraschend: Auch diese Ratten schwimmen nicht engagiert. Klinisch relevant ist an dem Versuch, dass man Biomarker – nicht nur bei der Ratte, sondern vielleicht auch beim Menschen – identifizieren kann, die anzeigen, ob es eine genetische Disposition zur Depression gibt. Dass Depressionen in manchen Familien gehäuft auftreten und dass trotz einer erblichen ›Vorbelastung‹ Depressionen einen Auslöser brauchen, konnte man schon vor diesem Experiment beobachten, aber es gehört zu den größten Problemen des ›Verbrauchs‹ von Tieren in Laboren, dass Tierversuche wiederholt werden, die keine neuen Erkenntnisse erwarten lassen.

Theoretisch hätten die Mitglieder der *scientific community* die Möglichkeit, sich zuerst daran zu erinnern, was sie wissen, oder darüber nachzudenken, woran sie sich erinnern, bevor sie einen Tierversuch starten. Ratten haben diese metakognitive Fähigkeit auch. Victoria Templer vom Neuroscience and Animal Cognition Lab des Providence College hat das experimentell bewiesen. Ihre Versuchstiere lernten im Labor, Gerüche zu unterscheiden. In einem Test mussten sie dann einen Geruch einem Behälter zuordnen, in einem zweiten Setting wurde ein ›Ich-weiß, dass ich es nicht weiß‹-Behälter eingeführt, der ein Viertel der Belohnung (unter anderem Froot Loops) enthielt. Kurz zusammengefasst: Ratten denken offenbar darüber nach, wie gut sie sich an etwas erinnern können. Menschen zeigen diese metakognitive Fähigkeit ungefähr ab dem fünften Lebensjahr, und als Untersuchungsgegenstand ist sie vor allem interessant, weil sie bei Alzheimerpatienten verloren geht.

Manchmal wird das Rattenverhalten auch untersucht, ohne dass sich unmittelbar ein Nutzen für den Menschen daraus ergibt. Die Biologin Manon Schweinfurth stellte fest, dass Ratten die kognitiv herausfordernde Aufgabe lösen können, Serviceleistungen auszutauschen und reziproken Handel mit unterschiedlichen Gütern zu betreiben. Im Experiment merkten sich die Tiere, ob sie von ihren Mitratten Futter oder Fellpflege bekommen hatten, und revanchierten sich, wobei die Beobachtungen nahelegen, dass sich die Tiere hilfsbereite Artgenossen und die Art der Dienstleistung merken können. Während Rattenexperimente üblicherweise an Farbratten durchgeführt werden, also an der domestizierten Form von *Rattus norvegicus*, führt Manon Schweinfurth ihre Experimente an Nachkommen von wilden Ratten, also nicht domestizierten Tieren durch, die über Monate hinweg an Menschen gewöhnt und handzahm gemacht werden. Das Experiment belegt, dass Wanderratten soziale Tiere sind, die mit ihren Artgenossen kooperieren, eine Fähigkeit, die für ihren Erfolg mitverantwortlich ist. Das Erstaunliche dabei ist, dass Ratten nicht nachtragend sind. Ein Artgenosse, der ihnen bei der letzten Begegnung geholfen hat, dem wird auch geholfen, egal wie schofel er sich davor benommen hat. Dieses Verhalten reduziert die Erinnerungslast und erleichtert den Umgang miteinander, was sinnvoll ist, wenn man mit ungefähr fünfzig Verwandten zusammenlebt. So wie es für ein Tier, das ursprünglich in ausgedehnten Gangsystemen in der Steppe gelebt hat, natürlich sinnvoll ist, sich gut in Labyrinthen zurechtzufinden.

Der Labyrinthversuch ist das häufigste Verhaltensexperiment, das mit Ratten durchgeführt wird und das vor allem in den Hochzeiten des Behaviorismus häufig verwendet wurde. Der interessanteste derartige Versuch mit Ratten, den ich kenne, ist ein Menschenversuch. Sein Aufbau wurde von Robert Rosenthal und Kermit L. Fode entwickelt. Zwölf Versuchspersonen bekamen jeweils fünf Laborratten, denen sie beibringen sollten, sich den Weg durch ein Labyrinth zu merken. Der einen Hälfte der Gruppe wurde gesagt, dass ihre Ratten darauf gezüchtet seien, sich besonders gut in Labyrinthen zu orientieren und besonders schnell den Weg durch ein Labyrinth zu lernen (diese Idee stammte von einem früheren Experiment, bei dem durch Auslese ›maze bright‹ Ratten gezüchtet werden sollten). Der anderen Hälfte wurde mitgeteilt, ihre Ratten seien besonders schlecht darin, sich zu orientieren. Obwohl alle Ratten in Wirklichkeit normale Laborratten ohne besondere Merkmale waren, lernten die angeblich klugen Ratten den Weg durch das Labyrinth schneller als die angeblich dummen. Die Erklärung von Rosenthal und Fode dafür war, dass die Erwartungen der Versuchspersonen ihr Verhalten gegenüber den Ratten so beeinflusst hatten, dass die Tiere die erwarteten Resultate erzielten – der »Rosenthal-Effekt«. Mit Schülerinnen und Schülern, die sie für klug halten, reden Lehrpersonen mehr, intensiver, aufmerksamer und rücksichtsvoller als mit jenen, die sie für dumm halten. Das ist ein Labyrinthversuch, dessen Nutzen für die Menschen groß wäre, wenn sie sich zur richtigen Zeit – metakognitiv – daran erinnern könnten.

Die Ratte im Haus

Eine andere Aufgabe als die des Erkenntnisgewinns erfüllt die Ratte für den Menschen als Haustier. Die Bezeichnung ›Farbratte‹ für *Rattus norvegicus forma domestica* geht auf die unterschiedlichen Fellfarben zurück, die durch Zucht erreicht wurden, so gibt es weiße, die keine Albinos sind, also dunkle Augen haben, schwarze, braune, cremefarbene und blaugraue Tiere. Die Bezeichnung ›agouti‹ (von den Agutis, *Dasyprocta*, südamerikanischen Meerschweinchenverwandten) wird allgemein für die ›wilde‹ Fellfarbe verwendet, die auch bei Hauskatzen, Kaninchen und Schäferhunden vorkommt und die der normalen Farbe der Wanderratte entspricht. Wenn man genau hinsieht, erkennt man bei agouti unterschiedlich intensive Gelb- und Brauntöne und eine dunkle Spitze des Haars, wodurch eine gesprenkelt-streifige Fellfärbung entsteht, die sich mit der Bewegung der Tiere und je nach Lichteinfall verändert. Das ist eigentlich hübsch, bei flüchtigen Begegnungen an der Uferböschung eines innerstädtischen Rinnsals reduziert sich der Effekt allerdings auf schmutzig-braun.

Meine erste Ratte war eine agoutifarbige. Nach einiger Zeit und mit den Erfahrungen, die ich mit andersfarbigen Ratten machte, bemerkte ich, dass man mit Ratten in Wildfärbung bei seinen Mitmenschen eine besondere Reaktion auslöst, da sie in ihr das ekelige, bissige Tier aus dem Kanal zu erkennen meinen, während bei einer intensiv schwarzen, einer rein weißen oder

The White Rat: *Der Genremaler Charles Spencelayh verewigte 1899 einen Rattenhalter aus der Arbeiterklasse.*

einer blaugrauen Ratte der Abstand zu diesem Schreckensbild größer ist. Vor allem wenn sie alt werden, ähneln wildfarbene Ratten den Tieren, die in Illustrationen und Dokumentationen über die Pest oder auf Werbematerial für Rattengift zu finden sind, denn sie magern ab und ihr Fell wird stumpf. Auch Albinoratten wecken bei manchen Menschen unangenehme Assoziationen, da sie die typischen Laborratten sind, die uns an quälende Experimente, verrückte Wissenschaftler und, entsprechende Informiertheit vorausgesetzt, das eigene ethische Versagen bei unserem Konsum erinnern. Außerdem können ihre roten Augen unheimlich wirken.

Die ›Schulterratte‹ der Punks war in diesem Sinn ein Schock-Accessoire, ein tierischer Bürgerschreck. Das schlechte Image der Ratte und dass sich viele Menschen vor ihr ekeln oder fürchten, passte gut zum demonstrativen Außenseitertum der Punks. Die Schockwirkung trat ein, weil die Ratte, die als schmutzig und unhygienisch gilt, hier in direktem Kontakt zum menschlichen Körper, sogar zum Gesicht steht, wie sonst nur in Szenarien, in denen sie Schaden anrichtet. Die Schulterratte hatte als Einzeltier diesen Effekt, ihr Image des gefährlichen Außenseiters übertrug sich auf den rattenaffinen Punk. Zu dieser Zeit und in dieser Rattenhaltergruppe wurde der Begriff ›Farbratte‹ auch noch etwas anders ausgelegt als heute, wo die systematische Züchtung der ›Russian Blue‹ weit gediehen ist und Exemplare dieser Farbrattenvariante einfach im Internet gekauft werden können. Eine meiner Auskunftspersonen für dieses Buch erinnert sich an ihre erste Rattenbegegnung: Es handelte sich um eine mit Lebensmittelfarbe blau eingefärbte Albinoratte.

Die Rattenhalterszene hat sich verändert, und viele Menschen bevorzugen heute Tiere, denen man die Abstammung von der wilden Wanderratte und die Verwandtschaft mit der Albino-Laborratte kaum mehr ansieht. Und so verwundert es nicht, dass seit Längerem einige Energie in die Zucht von ›hübschen‹ Farbratten gesteckt wird. Während für den frühneuzeitlichen Naturforscher Gessner noch gilt: »Eine Ratt ist […] manchem mehr bekannt dann ihm lieb ist«, können manche Menschen heute offenbar gar nicht genug von den Farbratten in unterschiedlichen Varianten bekommen. Bei der Zucht geht es nicht nur einfach um die Farbe, sondern auch um die Fellzeichnung. Eine häufige zweifarbige Variante der Farbratte ist die ›hooded rat‹, deren Kopf und Schultern dunkel sind. Die Tiere haben einen idealerweise durchgehenden dunklen Rückenstreifen, der Rest ist weiß. Das ist die typische Long-Evans-Ratte, die zweite wichtige Laborrattenzüchtung. Auch Ratten mit Blessen, mit Flecken oder mit bestimmten Fell-Augenfarbe-Kombinationen werden gezüchtet, wobei die Zuchtvarianten fantasievolle Namen bekommen. Wer genetisch bedingte Haut- und Fellschäden weiterzüchtet, weil er sich etwa eine Angoraratte wünscht, riskiert natürlich, dass die Tiere auch andere Krankheiten haben.

Eine züchterische Besonderheit sind Dumbo-Ratten, benannt nach dem Disney-Elefanten. Ihre Ohren sind größer als die anderer Farbratten, in der Relation zum Kopf ähnlich groß wie bei der Hausratte, sie sitzen tiefer am Schädel und stehen meistens ab, was angeblich das Ergebnis einer spontanen Mutation ist, die in den frühen 1990er-Jahren aufgetaucht sein soll und weitergezüchtet wurde. Auch Dumbo-Ratten gibt es in unterschiedlichen Fellvarianten. Die Größe und die Fehlstellung der Ohren wirken auf viele Menschen offenbar attraktiver, weil ›niedlicher‹ als die normale Ohrenposition und -größe von *Rattus norvegicus*. Als Haustier erfreut sich die Dumbo-Ratte großer Beliebtheit. Ein Grund dafür ist auch die auf Haubenniveau kochende Ratte Remy aus dem Animationsfilm *Ratatouille*, die einer grauen Dumbo-Farbratte nachempfunden ist. Nach Erscheinen des Films im Jahr 2007 und weil Remy auch im Pariser Disneyland ein positives Rattenbild verbreitet, stieg die Zahl der als Haustier gehaltenen Ratten angeblich deutlich an. Einen weiteren Schub erlebte die häusliche Rattenhaltung durch die Coronapandemie, in der generell mehr Haustiere angeschafft wurden.

Vom ›Ratatouille-Effekt‹ war auch die Rede, als sich vor einigen Jahren im Garten vor dem Louvre tagsüber die Rattensichtungen häuften. Die Sprecherin des Museums vermutete, dass die auf der Grünfläche picknickenden Menschen den Ratten Teile von ihrem mitgebrachten Essen zuwerfen würden, um die Tiere besser beobachten zu können. Zwar ist eine wilde Wanderratte keine Dumbo-Farbratte, der Animationsfilm könnte aber tatsächlich dazu beigetragen haben, dass viele Menschen Ratten nun weniger oder gar nicht ekelig finden. Aber ob die picknickenden Menschen sie absichtlich füttern oder einfach nur nach dem Picknick ihre Abfälle liegen lassen: Die Wanderratten auf einer städtischen Grünfläche können ein gutes Nahrungsangebot nicht ignorieren. Auch die meisten Farbratten ruhen erst, wenn sie alles für sie Fressbare aus ihrer Umgebung in ein Versteck transportiert haben, denn Ratten haben die Tendenz zum Hamstern.

Die Farbe, die Fellzeichnung oder die Ohren einer Ratte sagen naturgemäß nichts über das Verhalten oder den Charakter der Tiere aus. Wer eine größere Gruppe von Farbratten beobachtet, entdeckt wohl Verhaltensmuster, die einzelnen Tieren gemeinsam sind, die Übereinstimmungen korrelieren aber nicht mit der Fellfarbe.

Das Züchten von Ratten hat eine lange Tradition. Eine Vereinigung, die die Farbratte als Ausstellungstier propagiert, indem sie ausgefeilte Beschreibungen von Farbvarianten und Standards für Shows und Prämierungen veröffentlicht, ist die National Fancy Rat Society, die 1976 in, man ahnt es, Großbritannien gegründet wurde. Ursprünglich war das Züchten von Tieren für andere als landwirtschaftliche Zwecke ein dem Adel vorbehaltener Luxus, der zuerst vom Bürgertum imitiert wurde, bis Hobbyzucht in der zweiten Hälfte des 19. Jahrhunderts zum Breitenphänomen wurde. Teure Tiere wie Pferde oder Rassehunde blieben die Show-Tiere der reichen Bürger, billige Tiere oder solche, die gratis zu haben sind, waren die typischen Liebhabertiere (*fancies*) der Kleinbürger und der Arbeiter. 1901 wurde bei einer Ausstellung des Mouse Club im südenglischen Aylesbury zum ersten Mal auch eine Ratte ausgestellt. Ihre exzentrische Halterin Mary Douglas gilt als verantwortlich für die erste Welle der als Hobby betriebenen Farbrattenzucht und -haltung. Als Argument für die Ratte wie auch für die Maus wird schon in dieser frühen Phase angeführt, dass sie wegen des geringen Platzbedarfs gut in der Stadt zu halten sind. So populär wie die Zucht und Haltung anderer Kleintiere wurde die Rattenhaltung aber nicht, denn Kaninchen und Hühner gibt es auch in platzsparender Ausführung, und die sind essbar.

Die domestizierte Wanderratte ist aber, da sie ursprünglich für eine leichte Handhabung in Labors gezüchtet wurde, das ideale Haustier. Sie ist nicht nur etwas leichter und kleiner als eine wilde Wanderratte, sondern bei richtiger Behandlung auch zutraulich und menschenbezogen. Farbratten wehren sich normalerweise nicht, wenn man sie hochhebt, sie haben üblicherweise keine ausgefallenen Nahrungsansprüche, sie bellen nicht. Und weil sie neugierig sind, einen ausgeprägten Spieltrieb haben und ein deutliches Komfortverhalten zeigen, sich also häufig putzen, nach dem Aufwachen strecken und gähnen, macht es Spaß, sie zu beobachten. Ratten sind ganz normale Haustiere, sind aber nicht stubenrein zu bekommen, denn zu ihrem arttypischen Verhalten gehört ausgiebiges Markieren ihrer Umgebung. Der Urin der Ratte ist ihr Social-Media-Auftritt. Sie drückt damit aus, ob ihr das Futter schmeckt oder nicht, sie zeigt damit, was sie von ihren Artgenossen hält, ob ein Weg gut oder schlecht ist, ob von einem Gegenstand Gefahr droht, ob sie gut geschlafen hat ... Die Kommunikation der Ratten ist zu einem beträchtlichen Teil flüssig. Die Mitglieder eines Rudels kämpfen gelegentlich miteinander, wichtiger für das Machtgefüge ist aber das gezielte Anpinkeln, entweder als Dominanzgeste oder um ein Tier als Gruppenmitglied zu markieren.

Wer Farbratten in seiner Wohnung hält und sie frei laufen lässt – das mögen sie, sie langweilen sich in Käfigen, ganz egal, wie viel Spielzeug man ihnen schenkt –, der findet auf dem Boden und auf allen von den Ratten erreichbaren Gegenständen ein je nach Zahl und Geschlecht mehr oder weniger komplexes Netz von Urinspuren, mit deren Hilfe die Tiere sich gegenseitig Informationen über ihre Umgebung und ihr

Misstrauisch beäugt der Papagei die junge Hausratte auf diesem Dessert-Stillleben von Georg Flegel (1563–1638).

Befinden zukommen lassen. Der Geruchssinn ist für die Rattenkommunikation also sehr wichtig. Die Bedeutung der Töne für die Verständigung können wir nur vermuten, da die Vokalisation fast immer im Ultraschallbereich liegt. Es ist zum Beispiel für den Menschen ohne technische Hilfsmittel nicht zu unterscheiden, ob eine Rattenmutter, die ihr Junges sucht, es ruft, oder ob das Junge die Mutter riecht und deshalb zum Vorschein kommt. Auf jeden Fall ist es erfolgversprechender, eine Ratte, die sich irgendwo in der Menschenwohnung zum Schlafen zurückgezogen hat, von einer anderen Ratte suchen zu lassen, als selbst auf allen vieren herumzukriechen und in jeden Winkel zu schauen.

Ratten sind heute nur noch selten auf den Schultern von Punks zu sehen. Die Autorin des Standardwerks *Das Rattenbuch* Heide Platen konstatierte Ende der 1990er-Jahre eine rasche Entwicklung der Ratte hin zum normalen Haustier. Eine Dissertation von 2007 liefert eine systematische Darstellung der sonografischen Anatomie der Organe der Ratte für rattenspezifische Ultraschalluntersuchungen mit der Begründung, Ratten würden »immer häufiger als Patienten in der Kleintierpraxis vorgestellt, wodurch automatisch die Nachfrage nach diagnostischen Verfahren für diese Tierart wächst«. Neben der Veterinärmedizin hat auch die Tierfutterindustrie die Bereitschaft der Rattenhalter und -züchter erkannt, Geld für ihre Tiere auszugeben, und Futtermischungen für Farbratten entwickelt.

Im Jahr 2017 schätzte eine ARD-Reportage die Zahl der in Deutschland als Haustiere gehaltenen Ratten auf 200 000, Tendenz steigend, und die Ratten-Ausstellung in Hameln in der Saison 2017/18 war die erfolgreichste Sonderausstellung seit der Wiedereröffnung des Museums im Jahr 2011. Einen wichtigen Beitrag zum Erfolg der Ausstellung leistete das Rudel lebender Farbratten, das besonders bei Kindern und Jugendlichen auf Interesse stieß. Was die Besucher zu sehen bekamen, war ein großzügig dimensioniertes Spieleparadies mit allem, womit man einer neugierigen Farbratte eine Freude machen kann: Röhren, Häuschen, Papier etc. Und das Konzept ging auf, denn die Museumsbesucher hatten viel zu schauen. Da Ratten vorsichtig sind, brauchen sie zur Erkundung ihrer Umgebung viel Zeit, probieren aber, wenn sie sich sicher fühlen, alles aus.

Das kann auch in ein Zerstörungswerk münden, denn die Ratte benagt vor allem nachts alles, was sie interessiert, wenn sie die Möglichkeit bekommt, auch Töpfe und Pflanzen, Tischbeine und Kabel. Möchte man ein Gehege mit einem kleinen Rattenrudel nach einer normalen Nacht für Menschen präsentabel machen (zum Beispiel für die Museumsbesucher in Hameln), bedeutet das eine morgendliche Aufräum- und Putzaktion von ungefähr einer Stunde.

Einfühlsam stellt Hans Fallada in seiner *Geschichte von der gebesserten Ratte* diese aus Menschensicht eigenwillige Auffassung von Gemütlichkeit dar, der die Ratte in der Gestaltung ihrer Umwelt folgt. Mit dem Zernagen von Sofakissen, dem Schwimmen in Waschschüsseln und anschließendem Laufen durch Asche zieht sich Falladas Ratte den Hass der ordnungsliebenden Hausfrau zu, die das Tier ohnedies nie im Haus haben wollte. Ihr Umgangston ist rau: »Laß das, Ratz!«, ruft sie der Ratte zu, als diese ihr Wohnkästchen benagt. Die Rattenhaltergemeinde von heute hingegen hat nicht nur das Tier domestiziert, sondern auch die Rede über das Tier. Schon in der Frühphase der Hobbyrattenzucht und -haltung zeigte sich bei der Beschreibung von Ausstellungstieren die Tendenz einer blumigen Sprache, die das Dekorative hervorhebt. Die fantasievollen Bezeichnungen der Fellvarianten stammen von den englischsprachigen Züchtern und reichen von ›Blazed Berkshire‹ über ›Mink Hooded Harley‹ zu ›Silver Fawn Variegated‹. In vielen Ratten-Foren und -Blogs ist die Sprache kindlich-verniedlichend. Die Tiere werden dort ohne Ansehen ihres Lebensalters als Buben oder Jungs und Mädchen oder Mädels bezeichnet, alle zusammen als Rattis, es gibt massenhaft ›süße‹ Rattenbilder im Netz und auch Gedenkseiten für Ratten, die zum Beispiel ›über die Regenbogenbrücke gegangen‹ sind. Es ist eine personalisierte und subjektbezogene Wahrnehmung des Tieres auf einer infantilen Stufe – wie bei anderen Haustieren auch.

Die Ratte wurde zum Fantasiegeschöpf, das in eine Welt passt, die dekorationsverliebt ist und auf originelle statt schockierende Accessoires Wert legt, wie das schon bei Katzen und Hunden der Fall war. Und so wie diese können Ratten als Haustiere auch Trost und Wärme geben. Der große Geschichtenerzähler T. C. Boyle lässt in seiner Shortstory *Dreizehnhundert Ratten* eine solche anrührende Mensch-Tier-Beziehung entgleiten. Sein Protagonist, ein vom Kummer über den Tod seiner Frau schrullig gewordener Mann, der einen Python hält, möchte eine Ratte an die Schlange verfüttern, bringt es aber nicht über sich und rettet das Nagetier im letzten Moment vor dem Gefressenwerden. Nun kommen sich Ratte und Mensch näher:

> *Gerard hatte noch nie im Leben eine Ratte berührt, geschweige denn ihr Gelegenheit gegeben, sich in den Falten seines Pullovers zusammenzurollen und zu schlafen. Er betrachtete das Heben und Senken der winzigen Brust, die zarten nackten Füße, die wie Hände wirkten, sah die borstigen, farblosen Schnurrhaare und fühlte die Geschmeidigkeit des Schwanzes, der zwischen seinen Fingern lag wie eine Franse der Wildlederjacke, die er als Junge getragen hatte.* […] *Er spürte ihr Fell wie eine Liebkosung an seinem Hals und dann die sachte Berührung der Schnurrhaare und der rastlosen Schnauze.*

Gerard füttert die Ratte bei Tisch, sie darf in seinem Bett schlafen und bringt das Leben zurück in sein Leben:

> *Er dachte an die Ratte zu Hause, an ihre Geschmeidigkeit, er dachte daran, wie sie in kleinen Sätzen über den Teppich rannte oder wie von einem Wirbelwind getrieben an der Fußleiste entlangjagte, wie sie eine Nuss in den Pfoten hielt und sich aufsetzte, um daran zu nagen, wie sie mit allem spielte, was er ihr gab: einer Büroklammer, einem Radiergummi, dem Kronkorken einer Mineralwasserflasche.*

Gerard beschließt, der Ratte Spielkameraden zu besorgen, und kauft ihr zehn Artgenossen. Elf Ratten beiderlei Geschlechts, frei laufend in einer Wohnung. Gerard wird krank – Lungenentzündung oder doch Hantavirus? – und das Ende ist grausam. Der Ratten verabscheuende Ich-Erzähler in Boyles Geschichte, ein großer Hundefreund, fragt sich am Ende: »Wie hatte er zulassen können, dass auch nur eine einzige Ratte ihm nahe kam […] Wie hatte er so tief sinken können?«

Die symbolische Ratte

Phantasmen, Vorstellungen von dem Tier und das Tier selbst stehen in einem ständigen Wechselverhältnis. Und so steckt auch in jeder literarischen Ratte etwas von den Ratten, die wir aus der wirklichen Welt kennen, und in jeder wirklichen Ratte sehen wir etwas von den literarischen Ratten. Literarische Ratten stellen eine weitere Annäherung des Tiers an den Menschen nach dem Nutz- und dem Haustier dar, eine Annäherung, die gelegentlich symbiotisch ist. Ratten sind immer wieder Gegenstand der Literatur, zumeist als Spezies, seltener als Individuum. Sie sind öfter Beiwerk als Protagonisten. Die Ratte hat in der Literatur keine feste Rolle, sie ist auch auf diesem Gebiet ein typischer Kulturfolger und passt sich allen Genres und symbolischen Funktionen perfekt an.

Die ersten Leseratten im Sinne von Ratten, über die man in der Literatur lesen konnte, sind von ihrem Verfasser fälschlicherweise für Mäuse gehalten worden. Das vermutet zumindest Heide Platen, die darauf hinweist, dass die Mäuse im *Froschmäusekrieg* (*Bátrachomyomachía*), einer griechischen Parodie auf die *Ilias* aus dem 1. Jahrhundert vor unserer Zeitrechnung, für Mäuse etwas zu groß sind. Das wäre dann einer der seltenen Fälle, in denen Ratten literarisch auf Mäusedimension heruntergespielt werden, denn üblicherweise passiert das Gegenteil: Literarische Ratten sind fast immer *larger than life*.

Als ich vor vielen Jahren mit meiner Ratte Shakespeare auf der

Schulter in meiner Lieblingsbuchhandlung E. T. A. Hoffmanns *Werke in vier Bänden* kaufte, schenkte mir der nette Buchhändler eine Anthologie mit dem Titel *Ratten*, Genrebezeichnung: »Horror-Stories«, Klappentext: »Ratten. Kreaturen der Finsternis. Inkarnationen des Bösen. In ihren Augen funkelt blanker Haß. Ihre Aggressivität ist mörderisch, ihr Biß tödlich. Teuflische Monster, einem beklemmenden Alptraum entsprungen, aus dem es kein Entrinnen gibt. Underground-Horror, Entsetzen pur!« Zum größten Teil handeln die Geschichten in diesem Buch von Ratten, die sich nicht wie mein Shakespeare oder sonst irgendwie rattengemäß im engeren zoologischen Sinn verhalten. Und außerdem sind die Tiere deutlich überdimensioniert, aber das steht ihnen als fiktiven Ratten natürlich zu. Damit eine literarische Ratte Angst und Schrecken verbreitet, muss sie aber gar nicht zu einem horriblen Fantasietier gemacht und ihr natürliches Verhalten muss auch gar nicht übertrieben dargestellt werden. Für den Schockeffekt reicht es, wenn sie tut, was Ratten eben tun. Für schreibende Menschen, die mit wenig Aufwand großen Effekt erzielen wollen, sind Ratten die Idealbesetzung, sozusagen die Weißen Haie unter den Nagetieren.

Manchmal müssen die Ratten überhaupt nur da sein, um eine affektive Wirkung zu erzielen, zum Beispiel, im wahren Wortsinn, vor Augen, wie in George Orwells 1949 veröffentlichtem Roman *Nineteen Eighty-Four* (»1984«), in dem der Protagonist Winston Smith einer psychischen Rattenfolter unterzogen wird. Um Smiths Widerstand zu brechen und ihn dazu zu bringen, sich von Julia, der Frau, die er liebt, loszusagen, wird er im berüchtigten Room 101, in dem Gegner des Systems ihre individuelle Hölle durchleben, mit seinem schlimmsten Albtraum konfrontiert: einer Rattenattacke. Hungrige Ratten werden in einem geschlossenen Käfig vor seinem Gesicht befestigt, der Folterknecht O'Brian droht Smith damit, durch eine Maske sein Gesicht mit dem Käfig zu verbinden und die Käfigtür zu öffnen. O'Brian beschreibt ihm, wie sich die Tiere dann auf ihn stürzen würden, seine Augen, seine Wangen, seine Zunge zerfressen, das sei übrigens eine übliche Bestrafungsmethode im kaiserlichen China gewesen. Besonders perfide an diesem Szenario ist der Ausgangspunkt der selbst imaginierten größten Qual. In Winston Smiths Vorstellung gibt es kein schrecklicheres Schicksal, als bei lebendigem Leib von einer Ratte gefressen zu werden, die Ratte ist von allen möglichen Bedrohungen jene, vor der er sich am meisten fürchtet. Diese Rattenfolter denkt sich nicht der Folterknecht, sondern sein Opfer aus.

Über die Rattenfolter kann man in Variationen – neben dem Gesicht werden auch Bauch oder After des menschlichen Opfers den Rattenangriffen ausgesetzt – und unterschiedlichen Zusammenhängen lesen, so etwa im sogenannten Historikerstreit von 1986, in dem Ernst Nolte die Rattenfolter als Ausweis der besonderen Grausamkeit der Bolschewiki anführt. In diesem Kontext sollte die Rattenfolter zeigen, dass diesen Menschen wirklich alles zuzutrauen gewesen sei, auch das ultimativ grausamste und böseste Verhalten, das hier gleichzeitig den Ratten unterstellt wird. Und schließlich diente dem Historiker Nolte die Rattenfolter dazu, einen ›kausalen Nexus‹ zwischen der Grausamkeit des Bolschewismus und dem Holocaust herzustellen, ein Versuch der Relativierung deutscher Schuld.

In einen anderen politischen Zusammenhang stellte die österreichische Künstlerin Deborah Sengl die Ratten. Sie insze-

Ratten als Symbol des Untergangs: Die letzten Tage der Menschheit *von Karl Kraus, mit Rattenpräparaten inszeniert von der Künstlerin Deborah Sengl.*

nierte Einzelszenen aus dem Werk *Die letzten Tage der Menschheit* von Karl Kraus, in dem die Brutalität des Ersten Weltkriegs dargestellt wird, und benutzte dafür 200 präparierte weiße Ratten. Sengl begründete ihre Wahl damit, dass Ratten den

Menschen ähnlich seien, rücksichtslos und nur auf das eigene Fortkommen bedacht. Auch hier zeigte sich: Es ist eine Stärke der Ratten, für etwas anderes zu stehen, diesen Tieren liegt das Symbolisch-Metaphorische, ob heilig oder profan, apokalyptisch oder prophetisch. Eine Ratte ist durch ihre Nähe zur menschlichen Kultur immer mehr als eine Ratte, manchmal sogar viel mehr, und es steckt hinter ihr eine ganze, große Geschichte über das Böse, das Grausame, den Überlebenstrieb, der sich der eigenen Stärken bedient und die Schwächen der anderen ausnutzt.

Ein besonderes Beispiel für die symbolische Aufladung dieses Tiers sind Sigmund Freuds *Bemerkungen über einen Fall von Zwangsneurose* (1909), ein bahnbrechender Text in der Geschichte der Psychoanalyse, worin er die Bestrafungsfantasie seines Patienten beschreibt, den er den ›Rattenmann‹ nennt. Die Bestrafung ist ähnlich wie die in antibolschewistischer Literatur der 1920er-Jahre kolportierte Foltermethode, auf die sich auch Nolte bezieht: Eine Ratte wird in einem Behälter an den Körper des Menschen gebracht, durch Feuer in Panik versetzt und frisst sich in oder durch den Menschen. Beim ›Rattenmann‹ sind es mehrere Tiere und konkret der After. Die Zwangsvorstellung dieses Freud-Patienten besteht darin, dass sein Vater oder seine Geliebte dieser Strafe unterzogen werden. Neben einer, in Freuds Worten, »aufgerüttelten« Analerotik verbindet der ›Rattenmann‹ die Ratten aber auch mit Schulden, und zwar über das Wort ›Raten‹. Außerdem wird über die Rolle der Ratte als Überträgerin von Krankheiten auch auf die Angst vor Syphilis angespielt, und in weiterer Folge übernimmt die Ratte die symbolische Vertretung des Geschlechtsteils des

Patienten. Schließlich identifiziert sich Freuds Patient aber auch mit der Ratte, da er in seiner Kindheit grausam gezüchtigt wurde, was er mit der mitleidslosen Vernichtung der Ratten verbindet, die er als Kind miterlebte. Diese Fallstudie bietet neben dem Einblick in die psychoanalytische Methode also auch einen Blick auf die Wandlungsfähigkeit und Vielseitigkeit des Symbols ›Ratte‹. Während Freuds Patient die genaue Art der Bestrafung durch die Ratten unwillig und anfangs nur in Andeutungen preisgibt, findet sich in Octave Mirbeaus Roman *Le Jardin des supplices* (»Der Garten der Qualen«) von 1899 eine detaillierte Schilderung der Rattenfolter, und zwar unter Einsatz eines Blumentopfs. Dem chinesischen Folterknecht im Roman wurde diese Art der Folter jedoch untersagt.

Die Bestrafung durch Mäuse und Ratten ist auch im Christentum ein bekanntes Motiv, und in mehreren europäischen Lokalsagen treten hartherzige weltliche oder kirchliche Herrscher auf, die in der Zeit einer Hungersnot dem Volk Getreide oder Brot aus ihrem Vorrat vorenthalten und die zur Strafe von Ratten oder Mäusen verfolgt werden, über Wasser in einen Turm flüchten, was ihnen aber nichts nützt, und die am Ende von den Tieren gefressen werden. Im Jahr 1701 erzählt der Reiseschriftsteller Maximilian Misson die Geschichte des Bischofs Hatto. Auf einer Rheinfahrt passiert Misson ein verfallenes Haus, das dem »bekannten gottlosen Erz-Bischoff von Mayntz, der von denen mäusen gefressen worden, zugehöret hat«. Dieser war ein »grausamer bösewicht« und da hat »GOttes allmacht verhänget, daß er von so unzählig viel mäusen angefallen worden, daß er derselben sich zu erwehren unmöglich vermocht. Darauff habe er sich auff obbeniemte insul« (eine

Bildergeschichte aus dem 17. Jahrhundert: Ein übermütiger Reiter steigt vom Pferd und erschlägt die letzte Ratte einer flüchtenden Rattenheerschar, woraufhin er seinerseits von den Ratten gejagt wird.

Insel im Rhein) bringen lassen, »wohin aber auch die mäuse mit vollen hauffen geschwummen, und ihn endlich gar auffgefressen«. Misson ist sich nicht ganz sicher, ob er die Geschichte glauben soll, er kennt aber auch andere Varianten, mit und ohne Nagerbeteiligung, und »wenn man glauben muß, daß ein Pharao in Egypten sey von den läusen und fröschen geplaget, ingleichen ein Herodes von denen würmern gefressen worden, warum wolte man viel bedencken machen eine solche begebenheit, als die mit dem Hattone ist, zu glauben?« Während bei Hatto von Mäusen die Rede ist, sind es bei einer anderen Geschichte, die Misson zum Besten gibt, eindeutig Ratten, die das

Strafgericht bilden: Popielus II., Fürst von Polen, seine Gemahlin und seine Kinder seien »von den ratten, so aus den leibern seiner von ihm listiger weise ermordeten vettern herfürgekrochen, verzehret worden, im jahr Christi 823«.

Immer wieder wird die Ratte mit ihrem starken Überlebenstrieb, ihrer großen Körperkraft und ihren spitzen Zähnen und Krallen in der Literatur zum Sinnbild für Qualen. So auch in der Erzählung *Die Ratte* (1968) von Marlen Haushofer. Es ist eine tödliche Krankheit, ein langsamer, quälender Tod, der hier die imaginierte Gestalt einer Ratte angenommen hat, einer kleinen Ratte »mit langer, blutverschmierter Schnauze«. Sie wühlt im Bauch der Erzählerin und besetzt alle ihre Gedanken. Die Ratte wühlt einmal vorsichtig, dann wieder wie rasend. Ihre Ausdauer und Zähigkeit verlängern die Qual auf unbestimmte Zeit. Bei Haushofer ist die Ratte ein Symbol für das Leiden ohne Sterben. Unberechenbare und unbezwingbare Schmerzen hebeln jede Messbarkeit von Zeit aus: »Sie erwachte stöhnend und spürte die Ratte wühlen. [...] Nach einer sehr langen Zeit, fünf Minuten oder fünf Stunden, war die Ratte satt und rollte sich zufrieden zusammen.« Die Ratte würde wieder Hunger bekommen, die Kranke, in der sie wühlt, weiß nicht, wann das sein wird, und hofft auf Erlösung durch den Tod. Bei Haushofer geht es (Jahre, bevor sie selbst die Diagnose Knochenkrebs bekommen sollte) um einen durch Krankheit zerstörten Menschenkörper, so zerstört, als wäre er scharfen Rattenzähnen und Rattenkrallen ausgeliefert.

Der Tod des Menschen steht auch am Ende des Gedichts *Die Ratte* (1905) von Erich Mühsam. Die Ratte ist dick und dunkelbraun und »nagt des Nachts an meinem Rückenmark«. Diese

Ratte zehrt den Menschen auf, sie mästet sich an ihm: »All meine beste Habe, – / alles, was ich war und was ich hatte, / nagt sie, knabbert sie in sich hinein. –« Dem Ich schwindet die Kraft und es sieht voraus, dass nach seinem Tod die dicke, satte Ratte »trauervoll und dankbar« zurückbleiben wird. Ist es wie bei Haushofer eine quälende Krankheit, die durch die Ratte symbolisiert wird, oder meint das lyrische Ich die stetig verrinnende Lebenszeit und das Alter, das nichts von ihm übrig lassen wird?

Die Verbindung zwischen dem zerstörten Menschenkörper und den Ratten ist auch in Gottfried Benns Gedicht *Schöne Jugend* (1912) eindrücklich gestaltet, wobei es zu einer Symbiose von Mensch und Tier im Tod kommt.

Schöne Jugend

Der Mund eines Mädchens, das lange im Schilf gelegen hatte,
sah so angeknabbert aus.
Als man die Brust aufbrach, war die Speiseröhre so löcherig.
Schließlich in einer Laube unter dem Zwerchfell
fand man ein Nest von jungen Ratten.
Ein kleines Schwesterchen lag tot.
Die anderen lebten von Leber und Niere,
tranken das kalte Blut und hatten
hier eine schöne Jugend verlebt.
Und schön und schnell kam auch ihr Tod:
Man warf sie allesamt ins Wasser.
Ach, wie die kleinen Schnauzen quietschten!

Die Tiere haben sich im Körper der Toten eingenistet, und wie das Mädchen erleiden die jungen Ratten den Tod im Wasser. Der menschliche Körper hat ihnen eine schöne Jugend beschert, über die Jugend der Toten hingegen erfahren wir nichts. Vielleicht hat sie den Freitod im Wasser gewählt, das tote »Schwesterchen« mag ein Mensch, das ungeborene Kind der Toten, sein. Die Sympathie des Sprechers gilt den Ratten, die mit »kleinen Schnauzen quietschten«.

In der deutschsprachigen Literatur des Expressionismus bekommen die Ratten neben der Zuschreibung der Zerstörung auch die Funktion der Befreier aus den Zwängen des 19. Jahrhunderts. Schon in Gerhart Hauptmanns naturalistischem Drama *Die Ratten* (1911) stehen die echten Tiere, die in der Berliner Mietskaserne leben und auf dem Dachboden den Theaterfundus annagen, für die zerstörte Ordnung. Der ehemalige Theaterdirektor Hassenreuter, Vertreter eines pathetischen, klassizistischen Ideals, beschimpft Spitta, den sozialistisch und modern eingestellten Geliebten seiner Tochter:

> *Sie sind eine Ratte! aber diese Ratten fangen auf dem Gebiete der Politik – Rattenplage! – unser herrliches neues geeinigtes Deutsches Reich zu unterminieren an. Sie betrügen uns um den Lohn unserer Mühe! und im Garten der deutschen Kunst – Rattenplage! – fressen sie die Wurzeln des Baumes des Idealismus ab: sie wollen die Krone durchaus in den Dreck reißen. – In den Staub, in den Staub, in den Staub mit euch!*

Wenn die Ratten Symbole und Vorboten des Untergangs sind, so betrifft die Zerstörung immer mehr als nur konkretes Menschenwerk, denn sie nagen zugleich auch an der Hierarchie und dem Wertefundament einer Gesellschaft. In der hemmungslosen Wühlarbeit und Verbissenheit der Ratte scheint die de-

Vanitas-Suchbild mit Ratte, auch sie Symbol der Vergänglichkeit.

struktive Konsequenz der Freiheit auf die Spitze getrieben. In den literarischen Ratten kulminiert die Spannung zwischen Zerstörungswerk und Freiheitsstreben.

Ein frühes literarisches Beispiel für eine konstruktive Ordnungsstörung durch Ratten ist der in den 1840er-Jahren entstandene Märchenroman *Das Leben der Hochgräfin Gritta von Rattenzuhausbeiuns* von Gisela von Arnim. Die Autorin war ungefähr 17 Jahre alt, als sie, wahrscheinlich mithilfe ihrer Mutter Bettina von Arnim, das Buch verfasste. Im Zentrum steht die kleine »Hochgräfin« Gritta, die mit ihrem skurrilen Erfindervater ein eintöniges Leben im Stammschloss verbringt, in dem es von Ratten wimmelt. Die Ratten haben Grittas verstorbener Mutter versprochen, für Gritta zu sorgen, und tun das auch ganz rührend. Da taucht Gräfin Nesselkrauta von Rattenweg auf, Angehörige eines mit den Rattenzuhausbeiuns eigentlich verfeindeten Geschlechts, und beschließt, Grittas hochgräflichen Vater zu heiraten, was sie nach einer Schlacht gegen ihre drei Vormünder (Topf- und Grützebeschuss am Burggraben) auch durchsetzt. Mit Grittas Nähe zu den Ratten kommt die neue Stiefmutter aber nicht zurecht. Das Kind wird ins Kloster geschickt, wofür sich die Ratten an Vater und Stiefmutter rächen. Es beginnt mit dem harmlosen Anknabbern von Tapeten, wächst sich im Weiteren aber zu einer veritablen Rattenplage aus. Den Bediensteten wird nachts das pomadisierte Haar abgebissen, die Stiefmutter wird beim Handarbeiten tyrannisiert, am Ende fallen die Ratten über den gedeckten Tisch her, und »ein paar unglückliche Katzen, die angeschafft waren, um Jagd auf sie zu machen, hoben die Pfoten auf, damit sie nicht von ihnen umgerannt wurden«. Im *Leben der Hochgräfin Gritta von Rattenzuhausbeiuns* geht es um weibliche Selbstbestimmung, der Heldin gelingt die Flucht aus dem Kloster, das Buch hat ein polyamoröses Happy End. Die Ratten stehen hier für das Untergraben der patriarchalen Ordnung, sie erfüllen für die Protagonistin aber auch eine ähnliche Rolle wie imaginierte Freunde, die Kindern dabei helfen können, Selbstvertrauen aufzubauen. In diesem Roman sind die Ratten durch ihre Wehrhaftigkeit auch Haus- und Schutzgeister.

Kultratte, Rattenkulte und das Andere

Die Nähe zum Sakralen wird der Ratte bereits früh zugeschrieben und ist in nicht westlichen Kulturen deutlich stärker ausgeprägt und immer noch aktuell. Betrachtet man die griechische Antike, so gibt es Nagetiere als Begleiter der Götter, wobei nicht zwischen Ratten und Mäusen unterschieden wird. Oft ist es die lebensweltlich bekannte Zerstörung durch Ratten, die mit einem übernatürlichen metaphysischen Element verknüpft wird. So bedient sich Hephaistos, der griechische Gott des Feuers und der Metallkünste, der Ratten als Waffen. Herodot erzählt vom ägyptischen Priester Sethos, der sein Reich gegen die Assyrer verteidigen muss und dafür Hilfe bei Hephaistos sucht. Der Gott schickt Ratten, die nachts die Waffen der Gegner und die Riemen ihrer Schilde zernagen. Die Assyrer fliehen, im Tempel des Hephaistos wird ein Denkmal errichtet, das Sethos mit einer Ratte in der Hand zeigt und die Inschrift trägt: »Du, der du mich anschaust, lerne die Götter verehren.« Eine ähnliche Legende rankt sich um Vaishravana, eine vedische Gottheit. Als im Jahr 742 die Garnisonstadt Anxi (heute: Guazhou) im Nordwesten Chinas angegriffen wird, betet der Mönch Amoghavajra zu Vaishravana. Der schickt goldfarbene Mäuse, die die Bogensehnen der Feinde zernagen. Die Feinde fliehen, und der Kaiser lässt der Gottheit eine Statue errichten.

Die Beziehungen von Göttern oder Geistern zur Ratte sind oft ambivalent und bilden den Zwiespalt ab, der das Tier-Mensch-

Verhältnis prägt. Apollon Smintheus, der Mäusevertilger, ist eine solche Verkörperung der Ambivalenz. Der griechische Geschichtsschreiber Strabon berichtet, dass in Chryse ein Denkmal des Gottes mit einer Ratte (oder Maus) zu seinen Füßen stand, andere Abbildungen zeigten den Gott mit einem Nagetier in der Hand. Der um 170 n. Chr. geborene Autor Aelian beschreibt in *De Natura Animalium* Kultorte des Apollon Smintheus, in denen die Mäuse nicht nur abgebildet sind, sondern lebende Tiere gefüttert, geschützt und verehrt werden. Nun kennen wir Apollon eigentlich als Gott, der gegen Mäuse- und Rattenplagen angerufen wird. In Homers *Ilias* schickt Apollon einerseits eine Seuche in das Lager der Griechen, andererseits wird er als Gott der Heilkunst angerufen. Das Nagetier ist das Instrument des rächenden Gottes, der sich gegen die Beleidigung seines Priesters wehrt, gleichzeitig kann er die Menschen aber von Pest und Mäuseplage befreien. Der böhmische Mythologe Josef Virgil Grohmann schließt seine Suche nach einer Erklärung für Apollon Smintheus 1862 mit den Worten ab: »Aus den zerstreuten Sagen und Mythen des griechischen Alterthums geht eben nur so viel als unzweifelhaft hervor, dass es zwischen Apollo und den Mäusen tiefe und uralte Bezüge gegeben habe, für welche den späteren Griechen selbst schon das Verständniss verloren gegangen war.« Es ist ein Mythos, dessen Wurzeln weit zurückreichen und der in andere Kulturkreise verweist.

Wenn wir von der Ratte sprechen, haben wir ein konkretes Tier vor Augen, das durch die vielen Probleme, die es uns bereitet hat, und wegen der Vorurteile, die wir ihm entgegenbringen, kaum in unsere Vorstellung von einem kultisch verehrten Tier passt. Es gilt zu bedenken, dass wir nicht wissen, ob in einer frühen Zeit bei der Beschreibung von Kulten, die mit Nagetieren zu tun haben, Ratten, Mäuse oder andere Tiere gemeint waren, da es keine Klassifikationen der Gattungen und oft nur eine einzige Bezeichnung für sie gab. So ist zum Beispiel das im 19. Jahrhundert als ›Pharaonenratte‹ bezeichnete Tier, das im alten Ägypten als heilig verehrt wurde, anhand zahlreicher Abbildungen als Ichneumon zu identifizieren, ein mit dem Mungo verwandtes Raubtier. Die Sumerer setzten möglicherweise Ratten als Medizin, Zaubermittel und Omen ein, gesichert ist das allerdings nicht. Aber von den in Indien im Kult der Göttin Karni Mata verehrten Ratten wissen wir mit Sicherheit, dass es sich bei ihnen um Hausratten handelt, denn im Karni-Mata-Tempel in Deshnok, Rajasthan, werden sie heute noch gefüttert und verehrt. Wem beim Besuch im Tempel eine Ratte über den Fuß läuft – man darf den Tempel nur ohne Schuhe betreten –, dem bringt diese Berührung Glück, ganz besonders, wenn es sich um eine der seltenen Albinoratten handelt.

Der Legende nach soll Karni Mata vom Totengott Yama verlangt haben, ein totes Kind aus seinem Reich herauszugeben. Die Seele des Kindes war aber bereits reinkarniert, und Karni Mata beschloss, dass die Seelen der Verstorbenen ihres Klans nicht mehr in das Reich des Totengottes eingehen, sondern als Ratten wiedergeboren und in diesem Stadium auf die Reinkarnation als Mitglieder ihres Klans warten sollten. Diese Ratten wohnen im Tempel und die Göttin schützt ihre Anhänger. Übrigens auch vor der Pest, die in Teilen Indiens in den 1990er-Jahren ausbrach, Deshnok aber nicht erreichte. Die Spur der Ratten als Seelen der Verstorbenen lässt sich weiter verfolgen bis nach Europa und in unsere Zeit. Die germanische Sagengestalt Holda, auch Frau Holle oder Perchta genannt, hütet die Seelen ungeborener oder verstorbener Kinder, die in den Ratten verkörpert sind, von denen sie begleitet wird. Und auch Sigmund Freud weist in seiner Krankengeschichte des ›Rattenmannes‹ darauf hin, dass die Ratte in der Sage »nicht so sehr als ekelhaftes, sondern als unheimliches, man möchte sagen chthonisches Tier« auftritt.

Auch der hinduistische Herr der Hindernisse Ganesha, auch Vighnesha genannt, der elefantenköpfige Gott, hat als Begleittier eine Ratte oder Maus. Er kann Barrieren aus dem Weg räumen, er kann dem Menschen aber auch Steine in den Weg legen, wie Apollon Smintheus Plagen schicken und beseitigen kann. Ganesha ist für Glück, Erfolg und gutes Gelingen zuständig, wenn man am Anfang eines Weges steht, etwa bei einer Reise oder beim Bau eines Hauses. Ganesha steht auch für Weisheit und Intelligenz, mit ihm verbunden sind Literatur, Musik, Tanz und die Wissenschaften. Auch hier ist das Rattensymbol ambivalent, denn das Tier ist nicht nur klug und geschickt wie der Gott, sondern dieser hat die Ratte auch gezähmt und sie zu seinem Reittier gemacht. Oft wird sie mit einer Satteldecke dargestellt, Ganesha sitzt auf ihr, in manchen Darstellungen steht er auf ihr oder sie zieht einen Wagen, in dem er sitzt. Wie bei Apollon ist die Ratte hier in die Nähe des Sakralen gerückt, und zur Macht des Gottes gehört zugleich auch, Macht über die Ratten zu haben.

Dass die Ratte die ideale Begleiterin für Götter der Weisheit ist, steht außer Frage. Im chinesischen Horoskop haben Menschen, die in ihrem Zeichen geboren sind, einen schnellen,

Der elefantenköpfige Gott Ganesha, zuständig für Glück und Erfolg, hat Macht über sein Reittier, die kluge (Bandikut-)Ratte.

beweglichen Geist, aber auch musische Begabung und Umsicht. Unter den zwölf Tierzeichen des chinesischen Horoskops nimmt die Ratte den ersten Platz ein, und das beruht auf einer klugen List, quasi auf einer typischen Rattenaktion: Als der Gelbe Gott für die Verteilung von zwölf Jahren an zwölf Tiere ein Wettrennen veranstaltet, sitzt die Ratte bis kurz vor dem Ziel auf dem Rücken des schnellsten Tiers, des Büffels, springt dann ab und kommt als Erste über die Ziellinie. Die Listigkeit der Ratte gilt auch in der Literatur der Moderne als bewundernswert. Tagelang bemüht sich der Hausherr in Falladas *Geschichte von der gebesserten Ratte*, das Tier eines Verstoßes gegen ihren Vertrag zu überführen, um es wieder loszuwerden. Aber die Ratte Erika lässt sich nicht erwischen. Als blinder Passagier am Schürzenband der Hausfrau gelangt sie in die verbotenen Räume der Wohnung, sie nascht spurlos, indem sie ihren Schwanz in das Sirupfass steckt und abschleckt, und sie markiert den Sohn des Hauses durch einen Biss ins Ohr als Apfeldieb, während sie selbst in der Vorratskammer schlemmt.

Rattenverhalten wird von uns Menschen immer schon ambivalent beurteilt, sogar das Auffressen von Vorräten, von dem man doch meinen könnte, es sei nur negativ bewertet. Einerseits wird es den Ratten selbstverständlich übel genommen, wenn sie Kornvorräte vertilgen. Andererseits beweisen sie damit aber auch, dass es genug oder gar mehr als genug davon gibt. Und so können Ratten als Kulttiere auch für Reichtum stehen, wie bei Jambhala, einer Gottheit des tibetischen Buddhismus, der mit der vedischen Kriegshelfergestalt unter dem Namen Vaishravana verwandt ist. Jambhala hält in seiner linken Hand ein kleines, langschwänziges Tier, das Edelsteine spuckt. Je nach Interpretation und nach geografischer Herkunft der Darstellung ist das Tier ein Mungo, eine sehr große Maus oder eine Ratte.

Zwei Symbole des japanischen Glücksgottes Daikoku: ein Wunschhammer und eine possierliche Ratte.

Auch der japanische Glücksgott Daikoku, zuständig für Wohlstand, wird von Mäusen oder Ratten begleitet. Er ist außerordentlich populär und auf der ersten Ein-Yen-Note abgebildet, die in den 1880er-Jahren vom italienischen Graveur Edoardo Chiossone entworfen wurde. Diese Banknote zeigt den dicken, lachenden Daikoku auf Reissäcken sitzend, zu seinen Füßen tummeln sich drei Nagetiere, die sehr große Mäuse sein könnten oder Hausratten. Daikoku sorgt also wohl für Reichtum, der so groß ist, dass ein bisschen Ernteverlust durch Nagetiere kein Problem darstellt. Oder schützt der Glücksgott, der vor allem im ländlichen Raum verehrt wird und für reiche Ernte zuständig ist, die Reisfelder und -vorräte vor den Ratten? Gibt Daikoku den Menschen die Stärke, vorsichtige Neugier und den flinken Verstand der Ratte und legt so den Grundstein für den Reichtum? Oder ist es ein Erbe des Jambhala, von dem einige Eigenschaften auf Daikoku übertragen wurden, und sollen die Ratten oder Mäuse der japanischen Gottheit wie der Mungo der buddhistischen Gottheit Edelsteine spucken? Die Bedeutung des Rattensymbols in der asiatischen Götterwelt und Ikonografie ist so komplex wie in der griechischen Antike, doch generell zeigt sich hier eine positive Konnotation des Tieres.

Im spirituellen Kosmos der Germanen, im europäischen Volksglauben und im Christentum ist das anders. Bereits lange bevor die Übertragung der Pest durch Rattenflöhe und Ratten naturwissenschaftlich nachgewiesen wurde, erkannten die Menschen den Zusammenhang von Krankheiten und den Tieren, die für giftig gehalten wurden. Neben den Ratten waren das auch Maulwürfe und anderes ›Ungeziefer‹, ein Wort, das möglicherweise von althochdeutsch ›zebar‹, Opfer, Opfertier, herzuleiten ist und bedeutet, dass dieses Tier nicht geopfert werden darf. Der ›Schwarze Tod‹ hat sich in das kollektive Gedächtnis eingebrannt, die Ratten, die sich zur selben Zeit unter den unhygienischen Umständen im großen Stil vermehrten, werden mit ihm assoziiert. In europäischen Kulturen hat die Ratte daher nicht das Potenzial zum Kulttier im sakralen Sinn, aber eine wichtige Rolle kommt ihr dennoch zu.

Josef Virgil Grohmann suchte nicht nur nach der Erklärung für Apollon Smintheus, sondern sammelte auch Sagen und Gebräuche aus seiner böhmischen Heimat. Dabei stieß er auf zahlreiche Verbindungen von Mäusen und Ratten zu Donar und Perun, dem westgermanischen beziehungsweise dem slawischen Donnergott. Die Verbindung von Ratten und Gewittern ist im Volksglauben fest verankert, wie Grohmann mit Berufung auf einen Chronisten des 14. Jahrhunderts feststellt: In böhmischen und deutschen Geschichten fallen Ratten aus Gewitterwolken und ein erweiterter Wetterzauber gilt als Erklärung für das Auftreten einer großen Rattenschar. Hexen können Blitz, Hagel und Nagetiere herbeizaubern, wobei auch der Volksglaube nicht zwischen Maus, Ratte und Maulwurf unterscheidet. Diese Tiere werden wegen ihrer ähnlichen scharfen Schneidezähne gemeinsam und ohne Unterschied genannt. Die auffallenden Zähne sind es auch, die den Ratten oder Mäusen im Volksglauben eine andere Rolle zuweisen, und zwar in der sympathetischen Magie: »Wenn ein Kind hart zahnt, so binde man ihm einen abgebissenen Mauskopf, in ein Tüchlein gewickelt, um den Hals.« Auch wird mancherorts geglaubt, dass dem Menschen die Zähne ausfallen, wenn er etwas isst, woran zuvor eine Ratte genagt hat. Von Ratten zu träumen kann Krankheit oder Hungersnot ankündigen, den Nagetieren werden aber auch prophetische Fähigkeiten zugeschrieben, so schon bei Apollon, dem Gott der Weissagung. In einer Überlieferung aus dem Kreis Aussig (Ústí nad Labem) in Nordböhmen kündigt das Auftauchen einer großen Mäuse- oder Rattenschar an, dass »fremde Völker ins Land kommen«.

Ratten verkörpern in diesem Fall wie auch in anderem Zusammenhang in unserer Kultur das Fremde, das entwurzelte, diejenigen, die nicht dazugehören. In der Rattengeschichte in Selma Lagerlöfs *Nils Holgersson* ist sie angedeutet, die Angst vor der ›Überfremdung‹, die Angst davor, dass das Eigene durch ein Anderes ersetzt wird, wobei hier die Hausratten durch die erfolgreicheren Wanderratten verdrängt werden. Nie wurde die Übertragung dieses Bildes von den massenhaft auftretenden und nicht dazugehörenden Ratten auf die Menschen weitergetrieben als im Nationalsozialismus. In ihrem Buch *Von Ratten, Schmeißfliegen und Heuschrecken. Judenfeindliche Tiersymbolisierungen und die postfaschistischen Grenzen des Sagbaren* (2018) bringt Monika Urban zahlreiche Beispiele für die antijüdische und antisemitische Rhetorik, die Juden mit Ratten vergleicht oder in die räumliche Nähe der Ratten bringt und sie so entmenschlicht. Im antisemitischen NS-Propagandafilm *Der ewige Jude* von 1940 werden osteuropäische Juden durch den Vergleich mit dem Tier als hinterlistig, grausam und feige diffamiert. Hinzu kommt, dass die jüdische Auswanderung aus dem Osten mit dem massenhaften Auftreten von Ratten gleichgesetzt wird. Die Dehumanisierung, die auch über andere Tiere wie zum Beispiel Schlangen passiert, führt zur Menschenjagd und zum Massenmord. Der Vergleich des Menschen mit dem Tier bedient ein Feindbild, das nur durch die Vermenschlichung des Tieres funktioniert. Den Ratten werden Wille und Absichten zugeschrieben, das negative Bild, das

In Lyon wird das Skelett einer Ratte, die Hostienpartikel gefressen haben soll, als Reliquie verehrt; kolorierte Federzeichnung, ca. 1563.

sie aufgrund ihres natürlichen Verhaltens in menschlichen Siedlungen abgeben, wird bei der Menschenhatz der Nazis um menschliche Bosheit erweitert.

Den Weg von den germanischen Göttern zum Christentum nahmen die Ratten von Freya über Holda zur heiligen Gertrud. Sie ist die Schutzpatronin der Katzen, der Reisenden und Pilger, der Gärtner, der Armen und Witwen und schützt speziell auch Schiffsreisende. Als Nachfahrin einer Fruchtbarkeitsgöttin ist die heilige Gertrud auch für reiche Ernte zuständig, und wie bei anderen höheren Wesen zeigt sich auch bei ihr die Verbindung zwischen Korn und Ratte, denn sie wird auch bei Mäuse- und Rattenplagen angerufen. Der Gertrudentag (17. März) ist der

Tag, an dem die Gartensaison eröffnet wird, und die Bauernweisheit besagt »Gertrud mit der Maus / treibt die Spinnerinnen raus«. Mit Gertrud wird nicht nur die Arbeit im Freien wieder aufgenommen, sondern die typische Winterarbeit des Spinnens ist an dem Tag zu Ende, weshalb die Heilige oft mit einer Spindel dargestellt wird, so wie die griechischen Moiren oder die römischen Parzen, die den Lebensfaden der Menschen spinnen. Den wiederum beißen die Mäuse ab, womit es eine weitere Verbindung zu Perchta oder Holda gibt, die die Kinderseelen, symbolisiert in den Nagetieren, hüten.

Wenn sie auch als Strafe Gottes eine quasi noble Aufgabe haben, im deutschen Volksglauben gehören die Ratten als Begleittiere dennoch vor allem zu den bösen Hexen, entweder weil sie von ihnen gemacht wurden oder weil Ratten Tiere des Teufels sind. Ratten sind ein schlechtes Omen, Zwerge und Kobolde können als Ratten auftauchen, Ratten können Helfer des Klabautermanns sein. Kultisch verehrte Ratten sind in Europa die große Ausnahme. Eine Illustration aus dem Jahr 1563 zeigt die Verehrung eines Rattenskeletts als Reliquie: Das Tier hatte Hostienpartikel gefressen. Kryptisch bleibt eine Inkorporation anderer Art, von der das *Handwörterbuch des deutschen Aberglaubens* berichtet, nämlich, dass Ratten, »die im Gehirne nisten, Störungen der Denktätigkeit verursachen«.

Der Rattenfänger

Kultstatus erreichten die Ratten durch die Sage vom Rattenfänger aus Hameln, wenngleich sie darin nur eine Nebenrolle spielen: Im Jahr 1284 tauchte in Hameln ein Pfeifer auf, der versprach, gegen Geld die Stadt von allen Mäusen und Ratten zu befreien. Die Bürger sagten ihm seinen Lohn zu, und der Rattenfänger führte die Tiere in die Weser, in der sie ertranken. Aber die Hamelner Bürger zahlten nicht, und aus Rache führte der Rattenfänger 130 Kinder »vom vierten Jahre an«, wie es bei den Gebrüdern Grimm heißt, auf Nimmerwiedersehen davon.

Das Brauchtum rund um die Rattenfängersage der Stadt Hameln ist seit 2014 immaterielles Kulturerbe der UNESCO. Engagierte Bürger und Vereine kümmern sich in regelmäßigen Freilichtspielen und in einem Musical darum, dass die Sage nicht vergessen wird, es gibt einen von der Stadt bestallten Rattenfänger, und das Museum der Stadt dokumentiert die Ursprünge des Texts und seine Rezeption. In der Begründung der UNESCO heißt es unter anderem, dass die Geschichte bis heute in ständig neuen Variationen behandelt werde und die kulturelle Reflexion des Stoffes im Comic, in Dichtung und Musik die Geschichte des Rattenfängers von Hameln lebendig halte. Im Jahr 2013 lud der Deutsche Akademische Austauschdienst internationale Deutschstudentinnen und -studenten ein, die Geschichte um- und weiterzuschreiben. Durch ihre Vielschichtigkeit und das offene Ende eröffnet die Sage vom Rattenfänger

Die Stadt Hameln wird von einer »entsetzlichen Menge Ratten geplagt« und engagiert einen dubiosen Rattenfänger.

zahlreiche Deutungs- und Fortschreibemöglichkeiten. Und sie scheint besonders geeignet, unser widersprüchliches Rattenbild zu reflektieren. Das beginnt schon damit, dass in der ursprünglichen Sage gar keine Ratten vorkamen, sondern ausschließlich von der Wegführung der Kinder durch einen Pfeifer berichtet wurde.

Es gibt die Vermutung, das reale Ereignis hinter der Sage sei eine tödliche Krankheit gewesen, die vor allem Kinder betroffen habe. Mit dem späteren Wissen um den Zusammenhang von Pest und Ratten mag es dazu gekommen sein, dass die Tiere der Sage hinzugefügt wurden. Oder sollen die Ratten die Seelen dieser Kinder und eine Verdeutlichung ihres Schicksals sein? Ein anderer realer Anlass könnte das Auftauchen von Anwerbern gewesen sein, die Aussiedler suchten und vor allem bei jungen Menschen Gehör fanden. In Grimms Version der Sage findet sich ein Hinweis darauf: »Einige sagten, die Kinder seien in eine Höhle geführt worden und in Siebenbürgen wieder herausgekommen.« Diese Kinderauszugssage mit wahrem Kern wurde später mit einem Rattenfängerszenario verbunden. Das ist gleichzeitig realistisch wie sagenhaft: Einerseits gab es Bemühungen, Ratten und Mäuse zu vernichten, andererseits wusste man aus Erfahrung, dass das Wegführen aller Ratten und Mäuse und ihr Ertränken im Fluss unmöglich war. Und so ist es in der ursprünglichen Rattenfängersage auch nicht der Geiz der Bürger von Hameln, der sie dazu bringt, dem Rattenfänger seinen Lohn vorzuenthalten.

Die Stadt Hameln soll »mit einer entsetzlichen Menge Ratten geplagt worden seyn«, berichtet Johann Gottfried Gregorii im Jahr 1715, hundert Jahre vor den Gebrüdern Grimm, ein

»wundersam gekleideter Mann« tauchte auf und versprach, »gegen eine gute Summe Geldes« die Ratten zu vernichten, die Bürger wollten ihm das Geld nach getaner Arbeit geben. »Darauf ist er durch alle Gassen gegangen / hat die Mäuse in der gantzen Stadt auf einen Hauffen zusammengebannet / und mit einander ins Wasser getrieben. Uber diese übernatürliche Sache entsetzten sich die Bürger viel mehr als über die Mäuse selbsten / und hielten den Mann vor einen Teuffels-Banner / welches aber ohne Zweiffel der Teuffel selbst gewesen.« Und mit dem macht man keine Geschäfte. Diesem »verfluchten Buben« wollten die Bürger von Hameln kein Geld geben. Gregorii ist sich aber nicht sicher, warum dem Rattenfänger der Lohn wirklich vorenthalten wurde. Wegen der Befürchtung, er könnte der Stadt »die Mäuse leicht wieder über den Halß bringen«? Die Wahrscheinlichkeit dafür oder dass der Teufel sich auf andere Art rächen würde, war doch wohl größer, wenn er sein Geld nicht bekam. Auch Georg Philipp Harsdörffer kennt schon die Hamelner Geschichte und schreibt 1660, dass für den Rattenbann »ein Pfeifflein / auß des Ratte-Königs Rück-Grade gemacht«, verwendet wurde. Aber er ist skeptisch: »Alles lautet fast fabelartig. Wer leichtlich glaubt / wird leichtlich betrogen.«

In der Version der Gebrüder Grimm ist es der Vertragsbruch der geizigen Bürger, der das Unheil auslöst. Sie »reute der versprochene Lohn« und sie »verweigerten ihn dem Manne unter allerlei Ausflüchten«. Hier hat also einer ganze Arbeit geleistet und man dankte es ihm nicht. Dafür rächte er sich. Der Akt der Rache, das Wegführen der Kinder, ist es auch, worauf das rege Weiterleben des Rattenfängers aufgebaut ist. Die Ratten

Farbe, Schwanzlänge, Größe der Ohren und die nach vorn gerichteten Tasthaare lassen bei diesem Linolschnitt von Sofie Zähle vermuten, dass es sich um eine Hausratte handelt.

verschwinden aus dem Bild. Der Rattenfänger interessiert uns als Menschenfänger, denn das bedeutet, Menschen funktionieren unter seinem Bann wie die Ratten von Hameln und folgen ihm willenlos. Häufig wird der Begriff Rattenfänger im übertragenen politischen Sinn gebraucht, für einen populistischen Volksverführer, vor allem für rechte Demagogen, deren Gefolgschaft als willenlose Masse dargestellt wird. Es gibt aber auch weniger gefährliche Rattenfänger, wie jenen, von dem Johann Wolfgang von Goethes 1804 veröffentlichtes Gedicht *Der Rattenfänger* handelt. Der ist ein »gutgelaunter Sänger«, mit seinen Geschichten ein »Kinder«- und ein »Mädchenfänger«. Franz Schubert vertonte dieses Gedicht als Siebzehnjähriger.

Johann Gottfried Gregorii erzählt die Geschichte vom Rattenfänger in seinem Werk *Die curieuse Orographia, oder accurate Beschreibung derer berühmtesten Berge in Europa, Asia, Africa und America*. Denn zu der Sage gehört auch, dass die Kinder in den Köppel-Berg geführt werden. An dieser Stelle setzt auch Felicitas Hoppes Weiterdichtung der Geschichte an: Hoppe nutzt in ihrem Roman *Hoppe* (2012) nicht nur den realen Kult um den Rattenfänger, um ihrer Hauptfigur (»fh«) einen bizarren Auftritt als Kind im Rattenkostüm zu verschaffen, »wie sie als Ratte mit Schnurrbart und Schwanz versehen, Wurst in der Linken, Brot in der Rechten, den Marktplatz ihrer Heimatstadt Hameln betritt, um sich im Freilichttheater unter der Führung des Rattenfängers vor Touristen aus aller Welt ein Taschengeld zu verdienen«. Die Mutterfigur Phyllis weiß auch, was mit den Kindern passiert ist, nachdem sie im Berg bei Hameln verschwunden sind: Sie seien am anderen Ende der Welt, genau gesagt in Kanada, wieder aufgetaucht, was ein großes Glück gewesen sei. Und so wird aus der dämonischen, verführerischen Gestalt des Rattenfängers nicht nur der betörende Sänger Goethes oder der Demagoge, sondern auch ein Befreier. Denn »hätte der sie nicht mitgenommen, säßen sie bis heute in Hameln und wüssten nichts mit sich anzufangen«.

Unser Kontrasttier

In den modernen Sagen und *urban legends* gibt es mehr Ratten als in den alten europäischen Märchen, und das, obwohl die Ratten früher sichtbarer waren. Geschichten über tote Ratten im Hamburger, über ausgebrochene Laborratten, die Krankheiten verbreiten, und über brennende, fliehende Ratten als Brandbeschleuniger verbreiten sich vor allem in sozialen Medien. Eine ganz besondere Geschichte dieser Art, eine *urban legend* mit Wurzeln im 19. Jahrhundert und allen Merkmalen einer Wandersage – die gleiche Geschichte wird an unterschiedlichen Orten beinahe gleichlautend, aber mit örtlichen Spezifika erzählt –, ist jene von der blinden Ratte, die von einer sehenden Artgenossin an einem Strohhalm oder Stock geführt wird. Zwar wissen wir aus vielen Rattenexperimenten, dass die Tiere ein hochentwickeltes Sozialverhalten haben und sich gegenseitig helfen; diese konkrete Vorstellung dürfte aber ebenso wie andere *urban legends* eine menschliche Erfindung sein. In einer frühen Version der Geschichte werden die beiden Ratten zu Kontrasttieren der Menschen, und die Darstellung des altruistischen Verhaltens der Ratte beleuchtet das fundamentale Versagen der menschlichen Solidarität. *Poorer than rats* ist der Titel eines Kapitels von *The Rambles of a Rat* (1857), einem Kinderbuch der Autorin Charlotte Maria Tucker, Pseudonym A. L. O. E. Eines kalten Herbstabends finden zwei abgemagerte Kinder Unterschlupf im Londoner Lagerhaus, in dem die Ich-Erzählerin, eine Hausratte, mit ihrer Familie lebt. Die Ratte stellt fest: »these were young human beings, neglected and uncared for, as young rats would not have been«. Während die jungen Ratten wohlgenährt und sauber sind, sind die Menschenkinder Billy und Bob hungrig, sie frieren, denn sie haben keine Schuhe, der jüngere der beiden ist krank, und das Lagerhaus ist der einzige Schlafplatz, den sie haben.

Anfangs fürchten sich die Kinder und die Ratten voreinander, doch dann gibt es eine gewisse Annäherung und der ältere der beiden Brüder, der tagsüber wohl durch Betteln und Stehlen etwas zu essen besorgt, gibt der Ratte etwas von seinem Brot ab. Eines Abends erzählt Billy dem heimgekehrten Bob, was er beobachtet hat: Eine alte blinde Ratte wird an einem Stöckchen, das sie in der Schnauze hat, von einer jungen Ratte geführt. Und als die beiden Ratten die angebotenen Brotkrumen erreichen, lassen die jungen Ratten der alten den Vortritt. »So rats help one another«, sagt Bob gedankenverloren, und die Rattenerzählerin ergänzt: »do none but human beings leave their fellow-creatures to perish!«

The Rambles of a Rat ist als edukatives Buch über Naturgeschichte angelegt und erlebte im 19. Jahrhundert mehr als 20 Auflagen. Die tierische Autobiografie, derer sich A.L.O.E. bedient, ist ein traditionsreiches Genre, das auf dem jeweiligen geltenden Wissen über die Natur des Tiers aufbaut und durch das die Autorin den Blick auf die menschendominierte Welt von außen und, im Fall der Ratte, von unten werfen kann. Ein aktuelles Beispiel mit einer Ratte im Mittelpunkt und einem ähnlichen, wenngleich nichtfiktionalen Ansatz, ist Kerstin Deckers Buch *Die Geschichte des Menschen. Von einer Ratte erzählt*

Eine alte blinde Ratte wird an einem Stöckchen von einer jungen Ratte geführt – eine Szene aus dem Kinderbuchklassiker The Rambles of a Rat *(1857) von A.L.O.E. und eine vielfach variierte Wandersage.*

(2021). Bei der Autorin A.L.O.E. besteht kein Zweifel daran, dass der Mensch trotz seines Versagens auf dem Gebiet der Empathie die höhere Lebensform darstellt, bei Decker hingegen wird das Verhältnis umgekehrt: »Zum Tier hat es nicht gereicht, da wurdet ihr Mensch, ist es nicht so?«, schleudert die erzählende Hausratte der Leserin bei Decker gleich in der Einleitung entgegen, um dann wortreich das Versagen der menschlichen Spezies auf ganzer Linie und über die Geschichte hinweg auszubreiten. Auch Falladas ›gebesserte‹ Ratte hält mit ihren anarchischen Auftritten den Spießbürgern einen Spiegel vor, in dem ihr borniertes und vorurteilsgeleitetes Verhalten sichtbar wird. Das Probewohnen von Mensch und Tier scheitert am irrationalen menschlichen Ekel vor dem Rattenschwanz. Falladas Ratte ist durch die despektierlichen Äußerungen über ihren schönen Schwanz derart in ihrer Eitelkeit gekränkt, dass sie den Hausherrn in die Nase beißt – ein bitteres Ende des Versuchs, eine dauernde Freundschaft zwischen den Spezies zu begründen. Wahrscheinlich sind wir uns einfach zu ähnlich.

Dass Ratten als fiktive Figuren dazu geeignet sind, uns Menschen sozusagen bis zur Kenntlichkeit zu entstellen, dass sie uns indirekt oder direkt kritisieren können, das liegt daran, dass sie uns im wirklichen Leben so nah sind, buchstäblich. Aber auch daran, dass wir bereit sind, sie als Tiere mit zusätzlicher, mit mystischer und mythischer Bedeutung zu belegen, weil wir immer wieder daran erinnert werden, dass sie mit uns leben, selbst wenn wir das zu verdrängen versuchen. Und diese Verdrängungsversuche unterliegen einem Wandel. Konnte man vor 10 oder 20 Jahren noch feststellen, dass die Ratten in Film und Fernsehen unterrepräsentiert sind, ist das heute anders. Remy, die Zeichentrickratte aus *Ratatouille*, ist zumindest bei Kindern ein Kulttier geworden. Auf YouTube und anderen Videoplattformen finden sich viele kurze Filme, in denen Ratten auch sympathische Hauptrollen spielen, und das Tier ist, wie im Fall von ›Pizza Rat‹, in ein dichtes Gewebe aus Bezügen zum menschlichen Leben eingesponnen. Es spiegelt unsere moderne Existenz in unseren modernen Medien.

Kurz nach dem Erfolg von Pizza Rat kursierte im Netz ein Video von einer Ratte, die in einer U-Bahn-Station auf einem schlafenden Mann und seinem Smartphone herumläuft und dabei ein Foto von sich selbst macht. Das Video wurde von der Zeitung *Daily Mail* mit der Schlagzeile »Move aside Pizza Rat! Selfie Rat is taking the spotlight« kommentiert. Ein Jahr nach diesen beiden Internetphänomenen meldete sich die Performancekünstlerin Zardulu zu Wort und behauptete, sie hätte Pizza-Rat und Selfie-Rat erfunden, die Tiere seien von ihr trainiert worden. Schon zuvor hatte eine Redakteurin der Zeitschrift *The New Yorker* (in einer Restaurantkritik, geschrieben aus der Perspektive der Ratte) bemerkt, dass ein so perfektes weggeworfenes Pizzastück, wie man es im Video sieht, ein unwahrscheinlicher Zufall gewesen sei. Wie auch immer das Pizza-Rat-Video entstanden sein mag, Zardulu hat recht, wenn sie in ihrem Manifest schreibt, dass wir, um unsere Gegenwart zu verstehen, ewige Mythen brauchen. Bei dieser Sinnstiftung hilft uns die Ratte, Begleiterin unserer Kultur seit Jahrtausenden und Symbol dafür, wie prekär die Ordnung ist, die wir unserer Welt zu geben versuchen.

Wanderratte
Rattus norvegicus

Brown rat
Rat brun

Gewicht adult Männchen: 450–520 g, Weibchen: 250–300 g | Chromosomenzahl 42 | Futteraufnahme 5–10 g / 100 g KGW | Wasseraufnahme 10 ml / 100 g KGW | Lebenserwartung (Jahre) 3–4 | Körpertemperatur rektal (°C) 36–40 | Herzfrequenz/min 250–450 | Blutdruck (mmHg) Systole 84–134, Diastole 60 | Cholesterol (mg/dl) 40–130

Rattus norvegicus ist die Ratte, die wir am besten kennen und die uns am besten kennt. Die phylogeografische Geschichte der Wanderratte ist auch die Geschichte menschlicher Entdeckungsfahrten und Eroberungszüge. *Rattus norvegicus* besetzt fast jede größere Landmasse außerhalb der Polarregionen. Genanalysen haben gezeigt, dass *Rattus norvegicus* von Nordchina aus die Welt kolonisierte und dabei der Seidenstraße folgte. In Europa kam die Wanderratte im 15. Jahrhundert an, von dort gelangte sie um 1750 nach Nordamerika. Auch die Populationen in Südamerika, Afrika und Australasien sind eng mit den europäischen Wanderratten verwandt. Eine zweite Migration aus Asien fand Mitte des 18. Jahrhunderts statt, als *Rattus norvegicus* mit russischen Felljägern nach Kamtschatka und Alaska zog, von dort dann nach Kanada und in die USA. In den Städten Nordamerikas treffen die Familien mit asiatischen auf jene mit europäischen Wurzeln. Genuntersuchungen zeigen: Wer zuerst kommt, mahlt zuerst. Wenn sich *Rattus norvegicus* heute auf Wanderschaft begibt, tut sie das in Containern und Flugzeugen, aber es ist schwierig geworden, ein wanderrattenfreies Territorium zu finden, in dem sie sich niederlassen kann.

Hausratte
Rattus rattus

Black rat
Rat noir

Die Hausratte hat meist dunkelgraues Fell, ist zwischen 16 und 24 Zentimeter lang und 200 bis 400 Gramm schwer, ihr Schwanz ist länger als der Körper und hat 200 bis 260 Ringe. Würde man ihre Ohren nach vorn klappen, würden sie die Augen bedecken. Die Hausratte lebt als Siedlungsfolger mit dem Menschen, aber nur in kälteren Gegenden wie Mittel- und Nordeuropa. Normalerweise bevorzugt die Hausratte pflanzliche Kost, sie frisst aber auch tierische Nahrung wie Insekten, Eier, kleine Mäuse oder Fische. Eine Population in Sachsen-Anhalt fraß in einem Feldversuch allerdings nur Nougatcreme und weiße Schokolade. *Rattus rattus* kann gut springen und klettern, mag es gern warm und trocken und wohnt in Häusern, Scheunen und Ställen am liebsten in einem der oberen Stockwerke, weshalb sie auch als ›Dachratte‹ bezeichnet wird. Sie schläft und nistet in Mauerspalten, Zwischenböden, Verschalungen und Balkenwinkeln. Auch Hühnerhäuser, Kaninchengehege und Taubenschläge sind als Wohnungen für *Rattus rattus* gut geeignet, zusätzlich zur Unterkunft liefern sie ein abwechslungsreiches Futterangebot. Und weil heute die Kleintierhaltung selten geworden ist und Gebäude DIN EN-genormt abgedichtet sind, steht *Rattus rattus* in Teilen Deutschlands auf der Roten Liste der gefährdeten Arten.

Asiatische Hausratte

Rattus tanezumi

Asian house rat
Rat d'Asie

Diese Ratte ist bis zu 22 Zentimeter lang, der Schwanz hat ungefähr die gleiche Länge wie der Körper, ist dunkelgrau und fast nackt. Sie ist eine schnelle Läuferin, kann gut klettern und springen. Ihr Gewicht beträgt bis zu 200 Gramm. Auf der Oberseite ist sie dunkelbraun, an den Seiten und am Bauch heller, ihre Ohren sind groß, die Augen sind schwarz. Sie ist ein gut angepasster Kulturfolger, lebt in bodennaher Vegetation, bezieht aber auch Gebäude, in denen sie höher gelegene Räume und das Dachgebälk bevorzugt, und sie ist ein Allesfresser. Sie sieht aus wie eine Hausratte, sie verhält sich wie eine Hausratte, sie heißt Hausratte – aber sie ist doch eine andere Art. Vielleicht besteht diese Gruppe aber auch aus mehreren ähnlichen Arten, vielleicht stammt sie ursprünglich aus dem östlichen Afghanistan und ist in Nepal, Bhutan und Nordindien heimisch, vielleicht lebte sie ursprünglich auch schon in Japan, möglicherweise wurde sie dort aber eingeschleppt. Dass sie mit *Rattus rattus* verwandt ist, steht fest, aber die beiden Arten unterscheiden sich durch chromosomale und biochemische Merkmale. Die phylogenetischen Wege der beiden trennten sich vor 400 000 Jahren. *Rattus tanezumi* wird die Forschung noch lange beschäftigen.

Australische Buschratte

Rattus fuscipes

Australian bush rat
Rat du bush

Sieben Arten der Gattung *Rattus* sind in Australien heimisch, eine davon ist *Rattus fuscipes* mit vier Unterarten. Diese Ratte ist vor allem entlang der südlichen und östlichen Küstengebiete Australiens, aber auch auf einigen vorgelagerten Inseln zu finden. Ihre Färbung ist ähnlich der einer Wanderratte, wie die europäischen Ratten ist die Buschratte sehr fruchtbar und die Weibchen werden mehrmals im Jahr trächtig, wobei pro Wurf im Schnitt fünf Junge zur Welt kommen. Die Australische Buschratte hat eine maximale Körperlänge von 20 Zentimetern und ist damit deutlich kleiner als die Wanderratte und die Hausratte. Vor allem unterscheidet sich *Rattus fuscipes* von *Rattus norvegicus* und *Rattus rattus* dadurch, dass sie kein Kulturfolger ist. Zwar gibt es seit einigen Jahren wieder vermehrt Sichtungen in Sidney, die Australische Buschratte lebt aber hauptsächlich in dichtem Unterholz an bewachsenen Küstenhängen und in Eukalyptus- und Regenwäldern. Sie ist nachtaktiv und meidet den Menschen. Während Wander- und Hausratte sehr gesellig sind und in Rudeln zusammenleben, scheint die Australische Buschratte einzelgängerisch zu sein, wenngleich in den vorteilhaften Habitaten eine hohe Buschratten-Dichte herrscht. Man geht sich also offenbar nicht aus dem Weg, lebt aber eben nicht so kooperativ, jagt und sammelt nicht gemeinsam, wie das bei den anderen beiden Arten zu beobachten ist.

Sahyadris-Waldratte

Rattus satarae

Sahyadris forest rat
Rat des Sahyadri

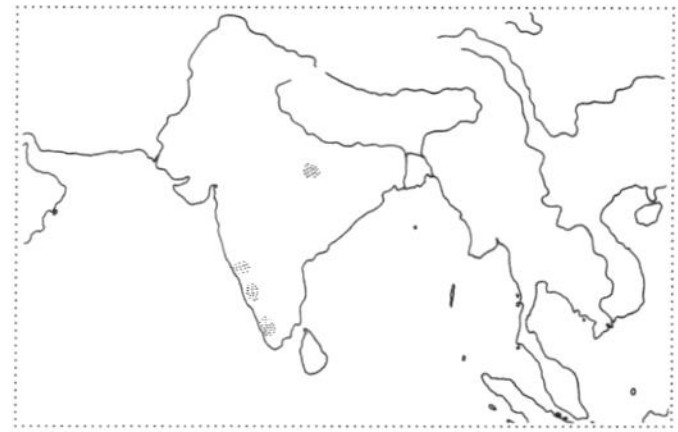

Rattus satarae hat braunes Fell mit einer weißen Unterseite, der Schwanz ist sehr lang. Ursprünglich dachte man aufgrund der äußeren Ähnlichkeiten zwischen den beiden und weil sie teilweise den gleichen Lebensraum bewohnen, dass es sich bei der Sahyadris-Waldrattte um eine Unterart von *Rattus rattus* handelt. Im Jahr 2011 wurde jedoch durch Genanalysen belegt, dass *Rattus rattus* und *Rattus satarae* zwei verschiedene Arten sind, sie weisen unterschiedliche Chromosomenzahlen auf. Die Sahyadris-Waldratte lebt in drei abgegrenzten Gebieten in den Westghats, einem Gebirge im Westen Indiens. Die Art ist in ihrem Bestand gefährdet, denn durch Abholzung und Plantagenwirtschaft geht ihr Lebensraum zurück. Der ist nämlich der Baum, und zwar ganz konkret der Baum im immergrünen Feuchtwald oberhalb von 700 Metern Seehöhe. *Rattus satarae* ist beinahe ausschließlich in Nestern und Höhlen im dichten Laubdach der Bäume zu finden, nur manchmal kommen die Tiere auf den Boden des Waldes. Die Sahyadris-Waldratte frisst Früchte und Insekten und ist kein Kulturfolger. Während sich die Hausratte auch in Palmöl-, Kaffee- oder Kardamomplantagen zurechtfindet, ist *Rattus satarae* auf unberührte Waldgebiete angewiesen und wird deshalb allmählich von *Rattus rattus wroughtoni* verdrängt.

Sulawesi-Schlankratte

Gracilimus radix

Sulawesi root rat

Rat gracile

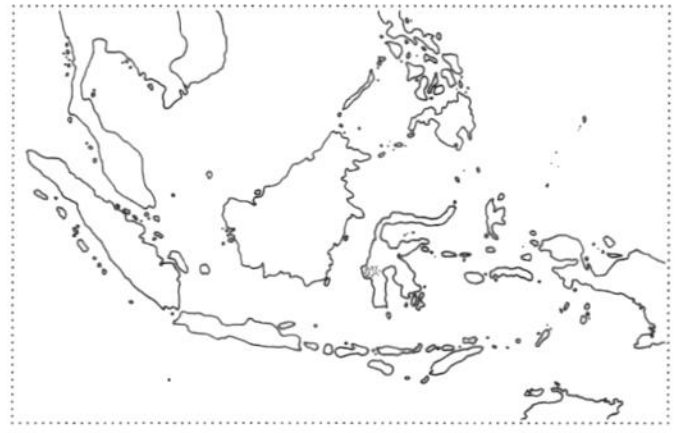

Alle Arten der *Echiothrix*-Gruppe sind Fleischfresser. Alle Arten? Nein, auf dem Mount Gandangdewata im Regierungsbezirk Mamasa in Westsulawesi wurde im Jahr 2016 erstmals eine Spitzmausratte dieser Gruppe entdeckt, die auch pflanzliche Nahrung zu sich nimmt: Sie trägt den Namen Sulawesi-Schlankratte. Ihr lateinischer Name *Gracilimus radix* verweist zusätzlich auf ihre Vorliebe für Wurzeln (*radix*), nicht als Nahrung, sondern als Lebensraum. In der Mamasa-Sprache nennt man das Tier ›Wurzelratte‹. *Gracilimus radix* hat grau-braunes Fell, abgerundete Ohren und einen spärlich behaarten Schwanz. Zu der auf Sulawesi endemischen *Echiothrix*-Gruppe der Altweltmäuse gehören neben der Schlankratte auch die Kleine und die Große Sulawesi-Spitzmausratte und auch die Sulawesi-Wasserratte (*Waiomys mamasae*), die 2012 erstmals beschrieben wurde. Weitere sieben neue Nagerarten wurden seither auf Sulawesi gefunden. Alle der rund 50 bekannten Nagerarten Sulawesis sind endemisch und weisen wegen der komplexen Topografie der Insel eine große ökologische und morphologische Varietät auf. Es ist wahrscheinlich, dass in den bislang unerforschten Regenwäldern Sulawesis in Zukunft noch so manche neue Ratte zum Vorschein kommen wird.

Schweinsnasen-Spitzmausratte
Hyorhinomys stuempkei

Hog-nosed shrew rat
Rat de Stimpke

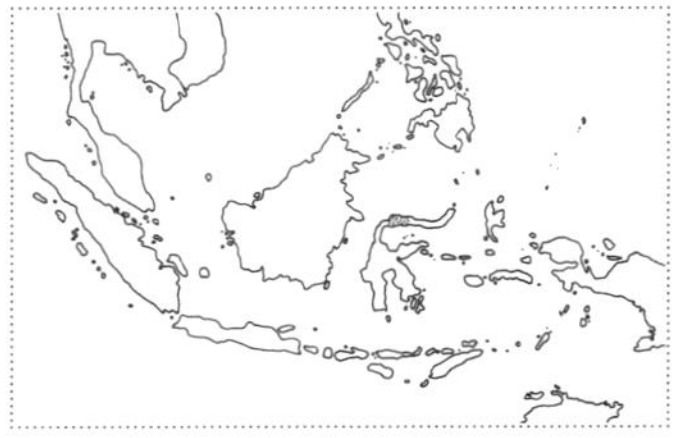

Als »charismatisch anders« beschreibt Kevin Rowe, Säugetierkurator der Museums Victoria in Melbourne, die Schweinsnasen-Spitzmausratte. »In Sulawesi gibt es eine hohe biogeografische Komplexität. Wir sind also nicht überrascht, dass wir Neues finden. Aber wir waren überrascht, wie neu diese Tiere sind.« Der *Sulawesi snouter*, ein Karnivore, erreicht eine Gesamtlänge von 36 bis 43 Zentimeter, er hat sehr große Ohren und eine große, flache, rosa Nase mit nach vorn gerichteten Nasenlöchern. *Hyorhinomys stuempkei* lebt im Moos auf dem Boden des Regenwalds auf circa 1600 Meter Seehöhe und hoppelt. Seinen lateinischen Namen trägt das Tier zu Ehren von Gerolf Steiner (1908–2009), einem deutschen Zoologen, der unter dem Pseudonym Dr. Harald Stümpke das Buch *Bau und Leben der Rhinogradentia* veröffentlichte. Darin erfindet Steiner – angeregt durch Christian Morgensterns Gedicht *Das Nasobēm* (»Auf seinen Nasen schreitet / einher das Nasobēm, / von seinem Kind begleitet. / Es steht noch nicht im Brehm // …«) – die auf dem fiktiven Archipel Hi-Iay (sprich: Heieiei) endemische Säugerordnung *Rhinogradentia* (Nasenschreitlinge oder Naslinge). Das aufregendste zoologische Ereignis des Jahrhunderts sei die Entdeckung der *Rhinogradentia*, befand der Evolutionsbiologe G. G. Simpson 1963 in Würdigung der taxonomischen Parodie; etwas Ähnliches dachten wohl auch die Entdecker von *Hyorhinomys stuempkei*.

Musser-Timor-Ratte

Coryphomys musseri †

Timor giant rat

Der US-amerikanische Zoologe Guy Graham Musser, Kurator der Säugetierabteilung des American Museum of Natural History, begann in den 1970er-Jahren intensiv zur Phylogenese der asiatischen Ratten und Mäuse zu forschen, wobei er besonders an den geografischen Ursprüngen der Nager in Asien interessiert war. Bis zu diesem Zeitpunkt gab es wenig gesicherte Befunde zu den Verwandtschaftsverhältnissen der Altweltmäuse in dieser Region. Mussers Forschungen führten zu einer neuen Systematik der asiatischen Altweltmäuse, und so ist es nur gerecht, dass eine davon nach ihm benannt wurde: *Coryphomys musseri*. Die ist allerdings schon ausgestorben. Sie lebte im Pleisto- und Holozän auf der Insel Timor. Überreste der Art wurden im Jahr 2010 bei Ausgrabungen in einer Höhle entdeckt, in der auch andere bis dahin unbekannte Nagerarten gefunden wurden, *Coryphomys musseri* ist die größte davon. Eine ausgewachsene ›Riesenratte‹ dieser Art hatte wahrscheinlich ein Gewicht von mehreren Kilogramm, war auf jeden Fall deutlich größer als die größten heute lebenden Altweltmäuse, zum Beispiel die Riesenborkenratten (*Phloeomys*), die bis zu zwei Kilogramm wiegen können. Die Kohlenstoffdatierung zeigt, dass *Coryphomys musseri* vor ein- bis zweitausend Jahren ausstarb, vielleicht weil die Menschen die Wälder Timors rodeten.

Schädel einer Hausratte

Maclear-Ratte

Rattus macleari

Maclear's rat

Rat de Maclear

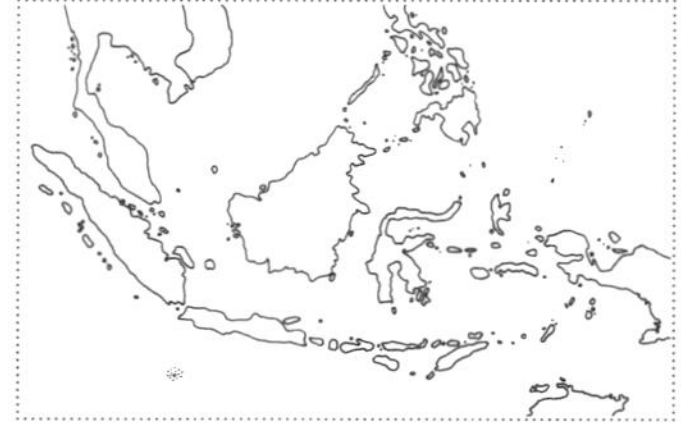

Das letzte Individuum dieser Art wurde 1903 oder 1904 von der Pest dahingerafft. Dabei hatte alles so gut begonnen. Die bis zu 26 Zentimeter lange Maclear-Ratte mit rötlich braunem Fell, einer Art Ridgeback-Frisur und einem langen Schwanz, stellte sich Ende des 19. Jahrhunderts gut darauf ein, dass Menschen zwecks Phosphatabbau in ihr Habitat, die Weihnachtsinsel im Indischen Ozean, eindrangen. Tagsüber schlief *Rattus macleari* wie gewohnt in Höhlen oder unter Baumwurzeln, nachts kletterte sie aber nicht mehr nur auf Bäume und ernährte sich von Obst wie bisher, sondern drang in die Zelte und Häuser der Siedler ein und fraß ihre Lederschuhe. Die Maclear-Ratten traten in großen Gruppen auf und waren nicht nur überall zu sehen, sondern auch zu hören, denn sie verständigten sich durch lautes Quieken. Doch dann brachte ein Versorgungsschiff Hausratten (*Rattus rattus*) auf die Insel. Diese Neuankömmlinge waren von *Nosopsyllus fasciatus*, dem europäischen Rattenfloh, befallen, der seinerseits Wirt von *Trypanosoma lewisi*, einem auf Nagetiere spezialisierten Parasiten ist, der bei Ratten tödliche Infektionen auslöst. 1902 berichtete ein Arzt, dass häufig kranke Tiere zu sehen seien, 1908 fand sich kein einziges lebendes Exemplar dieser endemischen Art mehr auf der Insel.

(O)Possum et al.

Die Altweltmäuse (*Murinae*) sind eine Unterfamilie der Langschwanzmäuse (*Muridae*). Ihre bekanntesten Gattungen sind die Mäuse (*Mus*) und die Ratten (*Rattus*). Die Gattung *Rattus* wird in mindestens 65 Arten unterteilt. Die phylogenetische Klassifizierung ist kompliziert, die Gattung zeigt eine große Bandbreite morphologischer Variationen und die Verwandtschaft ist oft nur durch genetische Untersuchungen festzustellen. Auch Tiere, die nur ähnlich aussehen wie eine Art der Gattung *Rattus*, werden manchmal als ›Ratten‹ bezeichnet, etwa Bandikutratten, auch Maulwurfsratten genannt, oder ›Trugratten‹ – der Name sagt alles, es ist die Bezeichnung einer Nagetier-Familie der Meerschweinchenverwandten. Manche Ratten sehen nicht einmal entfernt wie *Rattus* aus, so zum Beispiel die giftige Mähnenratte (*Lophiomys imhausi*), ein rund 30 Zentimeter langer Waldbewohner, der bei Angriff so tut, als wäre er ein Stachelschwein. Und wie man es auch dreht und wendet: Auch die amerikanischen Beutelratten sind keine Ratten, sie sind die einzigen Vertreter der Ordnung *Didelphimorphia*. Und dann gibt es da noch die Beutelsäuger der Ordnung *Diprotodontia*, in Australien beheimatet, zu denen der Gewöhnliche Ringbeutler (*Pseudocheirus peregrinus*) zählt, der gelegentlich für eine riesige Hausratte gehalten wird. Oder um es mit Dame Edna zu sagen: »Hello, Possums!«

Literaturverzeichnis

A.L.O.E.: *The Rambles of a Rat,* London 1863.

Gottfried Benn: »Schöne Jugend«, in: ders., *Gedichte*, hg. von Christoph Perels. Leipzig 2000 (Erstdruck 1912).

T.C. Boyle: »Dreizehnhundert Ratten«, in: ders., *Good Home. Stories*, München 2018, S. 223–239.

T.C. Boyle: *Wenn das Schlachten vorbei ist*, München 2012 (Original: *When the Killing's Done*, 2011).

Ernst Bruckmüller: *Österreichische Geschichte. Von der Urgeschichte bis zur Gegenwart*, Wien 2019.

Kerstin Decker: *Die Geschichte des Menschen. Von einer Ratte erzählt,* Berlin 2021.

Hans Fallada: »Geschichte von der gebesserten Ratte«, in: ders., *Geschichten aus der Murkelei*. Berlin 2008 (Erstausgabe 1938), S. 163–191.

Hans Fallada: *Geschichten aus der Murkelei*. Teil 2: *Die gebesserte Ratte,* Hörspiel, Rundfunk der DDR 1988.

Sigmund Freud: »Bemerkungen über einen Fall von Zwangsneurose« (1909), in: ders., Studienausgabe, Bd. VII, Frankfurt/Main 1989.

Egon Friedell: *Kulturgeschichte der Neuzeit*, 3 Bände, München 1927–1931.

Johann Gottfried Gregorii: *Curieuse Orographia,* Franckfurth und Leipzig 1715.

Jacob Grimm: »wesen der thierfabel«, in: ders., *Reinhart Fuchs*, Berlin 1834, S. I–XIX.

Josef Virgil Grohmann: *Apollo Smintheus und die Bedeutung der Mäuse in der Mythologie der Indogermanen,* Prag 1862.

Gerhart Hauptmann: *Die Ratten.* *Berliner Tragikomödie*, hg. von Peter Langemeyer, Stuttgart 2017 (Uraufführung 1911).

Marlen Haushofer: »Die Ratte«, in: dies., *Gesammelte Erzählungen.* Band 6, hg. von Christa Gürtler und Liliane Studer. Berlin 2023, S. 488–495.

Felicitas Hoppe: *Hoppe.* Roman, Frankfurt/Main 2012.

Joachim Körber (Hg.): *Ratten. 18 Horror-Stories,* München 1993.

Selma Lagerlöf: *Nils Holgerssons wunderbare Reise durch Schweden,* Berlin 2015 (Erstausgabe 1906).

Ursula K. Le Guin: »Mazes«, in: dies., *The Unreal and the Real. Selected Stories 2.* Easthampton 2012, S. 57–61 (Erstdruck 1975).

Louis-Sébastien Mercier: *Pariser Nahaufnahmen.* *Tableau de Paris*, Frankfurt/Main 2000 (Erstdruck 1781).

Maximilian Misson: *Herrn Maximilian Missons Reisen Aus Holland durch Deutschland.* *In Italien,* Teil 1. Leipzig 1701.

Erich Mühsam: »Die Ratte«, in: *Simplicissimus*, 10/38 (1905/06), S. 448.

George Orwell: *1984,* Berlin 1994.

Heide Platen: *Das Rattenbuch: Über die Allgegenwart eines verleugneten Nachbarn.* Frankfurt/Main 1997.

Sam Savage: *Firmin. Ein Rattenleben.* Roman. Berlin 2008 (Original: *Firmin. Adventures of a Metropolitan Lowlife*).

Maurice Sendak: *We Are All in the Dumps with Jack and Guy. Two Nursery Rhymes With Pictures,* New York 1993.

Monika Urban: *Von Ratten, Schmeißfliegen und Heuschrecken. Judenfeindliche Tiersymbolisierungen und die postfaschistischen Grenzen des Sagbaren,* Köln 2018.

Gisela von Arnim, Bettina von Arnim: *Das Leben der Hochgräfin Gritta von Rattenzuhausbeiuns,* Märchenroman, Zürich 2008.

Abbildungsverzeichnis

Frontispiz Johann Christian Daniel Schreber: *Die Säugthiere in Abbildungen nach der Natur, mit Beschreibungen*, Erlangen 1855.

Seite 9 Keramikbild aus dem ›Jagdzimmer‹ im Antigo Palácio da Praia, Belém, Lissabon, ca. 1680 (Foto: d. A.).

Seite 13 *Ratas*, in: *Lombard album,* ca. 1560.

Seite 17 Mary Hamilton Frye: *Nils Holgersson lockt die Ratten* (Illustration), in: Selma Lagerlöf: *Further Adventures Of Nils*, 1911.

Seite 20 John James Audubon: *Wanderratten (Norway rats)*, in: ders.: *The Viviparous Quadrupedes of North America*, New York 1845–48.

Seite 24 *Wanderratte und Hausmaus* (Illustration), in: Edward William Nelson: *Wild Animals of North America*, Washington, D. C., 1918.

Seite 28 *Ratte* (Illustration), in: Conrad Gessner: *Allgemeines Thier-Buch*, Frankfurt am Main 1669.

Seite 31 *Musstad,* Theodor Kittelsen, 1894–1896.

Seite 36 *Wanderratte* (Illustration), in: René Martin: *Atlas de poche des mammifères de France*, Suisse et Belgique, Paris 1910.

Seite 41 *Die Ratte im Rinnstein*, in: Adolph von Menzel, *Das Kinderalbum*, 1863–1883.

Seite 44 *The Kill.* Ratten von Frettchen getötet, Bain News Service 1900.

Seite 49 *Le Vendeur de rats, pendant le siège de Paris*, Narcisse Chaillou, 1871.

Seite 54 *Ratte mit Gerippe*, Tafel LXXXIII, in: Johann Daniel Meyer: *Vorstellung allerhand Thiere wie ihren Gerippen*, Zweyter Theil, Nürnberg 1752.

Seite 60 *Rats surviving Bikini atom bomb are held for radiation tests,* Fritz Goro, 1947.

Seite 66 Charles Spencelayh, *The White Rat*, 1899 © Manchester Art Gallery / Bridgeman Images.

Seite 72 Georg Flegel, *Wein und Konfekt, Maus und Papagei*, 17. Jahrhundert.

Seite 80 Deborah Sengl, *Die letzten Tage der Menschheit*, 2014 © Deborah Sengl.

Seite 83 Ingrid Faust, *Zoologische Einblattdrucke und Flugschriften vor 1800*, Anlaß: massenhaftes Auftreten von Feldmäusen bei Brochdorf, nordwestlich von Soltau, am 1. September 1675.

Seite 87 *Stillleben mit Geschäftsbuch, Totenkopf und anderen Gegenständen*, 1766.

Seite 93 Ganesha reitet auf seinem Gefährt, der indischen Ratte oder Bandicoot, ca. 1820.

Seite 95 Yashima Gakutei, *Schlägel von Daikoku, einem der Glücksgötter, und einer Ratte*, ca. 1828.

Seite 99 Johann Jakob Wick, *Sammlung von Nachrichten zur Zeitgeschichte aus den Jahren 1560–87 (mit älteren Stücken)*, Zürich 1560/61. Zentralbibliothek Zürich, Ms F 14, fol. 207r.

Seite 105 *Ratte*, 2016 © Sofie Zähle (Privatbesitz).

Seite 109 A.L.O.E., *The Rambles of a Rat*, 1864.

Seiten 113–131 Illustrationen von Falk Nordmann, Berlin 2024.

Karin S. Wozonig, 1970 in Graz geboren, Studium der Vergleichenden Literaturwissenschaft, Anglistik und Germanistik in Wien und Los Angeles, forscht und publiziert zur Chaostheorie und zur Literatur des 19. Jahrhunderts. Sie lebt in Wien.

NATURKUNDEN № 102
Erste Auflage Berlin 2024

NATURKUNDEN
herausgegeben von Judith Schalansky
erscheinen bei Matthes & Seitz Berlin
ermöglicht durch Jan Szlovak, Hamburg

Großbeerenstraße 57A, 10965 Berlin
info@matthes-seitz-berlin.de
info@naturkunden.de

EINBAND UND TYPOGRAFIE Pauline Altmann, Palingen nach einem Entwurf von Judith Schalansky
TITELILLUSTRATION Pauline Altmann, Palingen
SCHRIFT Ingeborg von Michael Hochleitner/Typejockeys
LITHOGRAFIE Raimundas Austinskas, Kaunas
HERSTELLUNG Hermann Zanier, Berlin
PAPIER 100 g/m² Fly 04 hochweiß, 1,2-faches Volumen
EINBANDMATERIAL Napura® Khepera von Winter & Company GmbH, Lörrach
DRUCK UND BINDUNG Pustet, Regensburg

ISBN 978-3-7518-4016-3

www.naturkunden.de
www.matthes-seitz-berlin.de